JN245550

戦争と敗北

昭和軍拡史の真相

纐纈厚
koketsu atsushi

新日本出版社

もくじ

プロローグ――「軍縮のなかの軍拡」

戦前の日本の歴史から、現在と未来を考えるうえで教訓とすべき課題は実に多い。そのなかで歴史研究者として、長年関心を抱いてきたのが、軍備拡張（以下、軍拡）と軍備縮小（以下、軍縮）をめぐる軍部と政府・議会・世論との論争である。

軍拡と軍縮をめぐって、あれだけ数多の論争が繰り広げられながらも、最終的には軍拡派が優位を占め、繰り返し戦争への道を選択する結果となった。その歴史事実を、一体どのように理解したらよいのだろうか。

今日、国際社会のなかでも、また日本国内でも軍拡が大きな流れとなっている。脅威を設定することで軍拡を正当づける手法は、戦前も戦後も変わっていない。その脅威の実際についての分析も不充分なままだ。軍拡路線が優位を占める理由と主張の根底には、一体何があるのだろうか。

私は、軍拡と軍縮との言わば鬩ぎ合いが、二項対立的に展開されたとは考えていない。また、一方的に軍拡勢力が軍縮を求める勢力を圧倒していたとも捉えていない。やや曖昧な表現かも知れないが、軍拡と軍縮とは混在した状況で進展し、軍拡勢力が優位を占めた段階でも常に軍縮という抑制要因が、少なくとも対英米蘭戦争が開始されるまでは、一貫して機能していたのではないかと考えている。

換言すれば、軍拡と軍縮が同時的に進行したがゆえに、非常に分かり辛い現象形態をもって戦前期日本の事実上の軍拡が結果されたのではないか、ということである。最近、用いられるようになった表現を借りれば「軍縮のなかの軍拡」も、そうした歴史事実を背景にした把握であろう。

さらに単純化して言えば、軍拡の歴史は軍縮の歴史を追うことによってしか捉えきれない、のではないかということである。軍拡や軍縮を推進するエネルギーや正統性も、両者が一体となって初めて成立する、そうした歴史事実が戦前の実態であったように思う。

現代の政治学や歴史学では、こうした状況は軍備管理・軍備制限の用語によって表現される。その用語に従えば、昭和初期政治史のなかで、実際に軍縮は量的な事実は存在するとしても、質的な意味における軍備削減に相当する軍縮は、事実上存在しなかったのではないか、ということである。

その背景には戦前期日本および世界の国防や軍事力への位置づけや、さらには国家機能を担保するものとしての軍備という固定観念が極めて強く、おおよそ軍備撤廃・軍備削減が文字通り進められる可能性が皆無に近かったことにもよろう。そうした時代的背景を踏まえつつ、第一次世界大戦後から一九四〇年代初頭までの日本の軍拡と軍縮の動きを、特に軍部の軍備観念や国防観念を中心に追ってみた。

結局のところ、昭和初期の軍備は、軍部の論理が優位を占めて行き、その先に戦争と敗北という歴史を刻むことになる。戦争と敗北を回避するための量的削減の軍縮や、最終的には軍備廃止に帰結する軍備撤廃などの動きが、なぜ結実しなかったのかを念頭に据えながら、文字通り「軍縮という名の軍拡」について史料を引用しながら論じた。そこにおいて、軍拡への衝動を抑えきれなかった軍部自身の問題と、軍縮への要求を強く押し出しながらも、軍拡に歯止めをかけられなかった日本社会の問題とが、結局は戦争への道を歩み続け、最後には敗北という事実を受け入れることになったのである。それが本書のタイトルを『戦争と敗北』とした理由である。現代を生きる私たちは、この歴史の事実から重要な教訓を引き出していかなければならない。

今日の政治を絡めて言えば、安倍晋三政権下で、自衛隊の軍拡に歯止めがかからなくなっている。防衛費がついに二〇一九年度予算で五兆二六〇〇億円と過去最高を記録。さらに長年歯止めの役割を果たしてきた「武器輸出禁止三原則」は、一四年四月、「防衛装備移転三原則」に切り替えられた。これによって、日本の武器輸出が緩和され、武器調達・武器移転などが活発化している。

そこでは戦前の事例に倣(なら)って、またまた軍拡を正当化する論理が巧妙に持ち出され、軍拡を批判する勢力の懐柔を図ろうとしている。私たちは、このような折にこそ、結局は「軍縮のなかの軍拡」「軍縮という名の軍拡」を許してしまった歴史を、あらためて振り返る必要もあるのではないかと思う。

それで本書は、まず第一章で軍拡を支える経済基盤として、軍需工業を従来の武器生産の根拠地だった軍工廠以外にも拡げていく法整備の制定過程を追う。ここでは総力戦の時代を背景に、武器弾薬の大量生産と大量備蓄が必要となった時代を反映して、武器生産の民営化が進められた事実を紹介していく。そこでは、現代で言うところの軍産連繋・軍産複合が進行し、それが軍拡の構造的基盤を形成していったことを整理する。

第二章では、第一次世界大戦（一九一四〜一八年）は軍拡に帰結する武器生産の大量生産体制を必要とし、大戦終了後、悲惨な戦争被害の教訓を踏まえて、世界的な軍縮の時代を迎える。日本の陸・海軍は、これに抗して軍拡を志向するものの、軍縮世論の動きに押されて形式的軍縮に踏み切らざるを得なくなった。しかし、当該期は軍の合理化と近代化をスローガンにした「軍縮のなかでの軍拡」が密かに進められた時代でもあったことを実証していく。

第三章では、軍縮の時代に抗する軍部の動きを追う。一九二〇年代と三〇年代は、国際的に軍縮気運が盛り上がる。日本の陸・海軍は、その軍縮に呼応する姿勢を採りつつも、本音では軍縮の動きに正面から応えようとせず、統帥権干犯問題（一九三〇〈昭和五〉年）に象徴されるように、軍拡の既得権を手放そうとはしなかった。その内容を纏める。

第四章では、政党内閣時代を代表するように諸政党の軍縮政策が盛んに喧伝され、世論も軍縮に期待したものの、危機感を深めた日本の陸・海軍は、軍縮世論や政党の動きを封印するため、強硬姿勢を貫こうとした。その象徴的事件が、満州事変（一九三一年）であったことを追う。

第五章では、満州事変以降、軍部は反転攻勢に転じるが、より具体的には武器生産に絡めて中国やタイなどへの武器輸出に乗り出す。一九四〇年代には、日本海軍を中心に武器輸入にも手を染めるが、こうした一連の武器輸出入を繰り返すなかで、やがて日本は武器生産や武器の輸出入の活性化に力を注ぐことになる。その実態を検証する。

こうして一九二〇年代以降から本格化する軍拡と軍縮との鬩ぎ合いは、最終的には満州事変以降、軍拡に比重が置かれ、日中全面戦争（三七〈昭和一二〉年七月から）以降は、準戦時体制下から戦時体制へと突き進むなか、軍拡が全面化していく。その帰結が対英米蘭戦争であり、そして日本敗戦であった。軍拡は戦争を準備する当時に、日本経済を弱体化させ、最後に敗北へと誘引していったのである。

本書は厳密に言えば大正期から論じたものだが、象徴的には日本を無謀な破滅的戦争に導いた「昭和」を射程にしている。その意味で、副題として「昭和軍拡史の真相」としている。そのなかで、現代に活かすべき教訓は、一体どこにあるかを考えている。本書が、その素材の一つになればと思う。

なお、少しでも歴史の現実に肉迫するために、多くの史料からの引用を行なっている。また読み易くするため、カタカナ文字を平仮名文字に、旧漢字を常用漢字に換えていることを最初に御断りしておきたい。

第一章

軍拡支える法整備を急ぐ

——軍需工業動員体制の形成過程のなかで——

はじめに

日本の陸・海軍は建軍以来、終始一貫して軍拡を志向し続けてきたと言って良い。それは時々の国内外の情勢に対応して、その拡大幅は変容するものの、明治近代国家の成立以降、相次いだ軍拡により、総じて軍事大国化していく歴史が刻まれていった。その軍拡と軍拡の間には、いわゆる軍縮と呼ぶに値する動きもなかったわけではない。

徳川幕藩体制を崩壊に追い込んだ明治国家は、それまでの藩を基本とする地方分権制から中央集権制に切り替えていく。廃藩置県に伴う国内の騒乱を押さえ、成立間もない明治政府を保守するために、幕府を崩壊に追い込んだ長州藩や薩摩藩などを中心とする藩兵を集めて、御親兵（ごしんぺい）を編成する。それが明治国家の中央軍となり、陸・海軍の基礎となった。

明治政府は、一八七三（明治六）年に徴兵制を敷き、近代軍隊の育成に乗り出す。最初の海外派兵として台湾出兵（一八七四年）が強行されて以降、日清・日露戦争（一八九四〜九五年、一九〇四〜〇五年）という本格的な対外戦争を経て、一段と軍拡レベルを引き上げようと奔走する。

その後、日本軍拡史のなかで大きな転換点に遭遇する。それが第一次世界大戦（一九一四〜一七年。以下、ＷＷⅠと略す）である。ＷＷⅠは、戦争形態の総力戦化を結果し、軍隊の精強さだけが勝敗の帰趨を制するものではなくなった。要するに、軍事力や工業力だけでなく、戦争を支持する国民・世論の協力が不可欠となってきた。戦争形態は軍隊間の戦争（内閣戦争）ではなく、国家の総力を挙げての戦争（総力戦）へと変貌していたのである。

内閣戦争期の軍拡と総力戦期の軍拡とでは、多くの相違点がある。総力戦期に入ると、陸・海軍組織内だけで軍拡を推し進めることが困難となり、そこで軍拡を実現していくためには、何よりも政府や産業界、そして国民の協力が必要となってきたのである。

だが、将来の戦争が間違いなく、より徹底した総力戦の戦争形態を伴うであろうことを理解したのは、軍人のなかでも当初においては極一部でしかなかった。数多の官僚や政党関係者、ましてや国民の多くが戦争形態の変化に気付いていたわけではない。また軍人の多くは、遠く離れた戦場で戦われた戦争から、積極的に教訓を引き出すことに億劫（おっくう）であった。旧来通り、量的レベルだけの軍拡論を説く軍幹部が、むしろ多勢を占めていたのが現実であったのである。

ごく限られた軍人や官僚、政治家たちだけが、総力戦段階に相応しい軍拡を実現していくための課題が何であり、どのような解決手段を手にすれば良いのかを真剣に論じていた。

本章では、総力戦段階における軍拡を実効性あるものにするために、民間企業との連携を進め、兵器生産の裾野の拡がりが兵器の近代化や大量生産を確保する必須の条件と認識した陸・海軍の動きを中心に追う。

同時に陸・海軍との連携の道を模索し続けた産業人の発言を拾うことで、軍産の関係を明らかにする。より具体的には、兵器産業の民営化の過程を追いながら、いわば軍拡のための工業的基盤が、どのように形成されていったかを検証していく。

そこでは、現代に言う軍産複合体の創出なくして、将来の総力戦に対応する軍拡は不可能だとする認識があったことに注目しておきたい。

1　第一次世界大戦の衝撃

総力戦時代の軍拡

本章の冒頭で述べた通り、常に軍拡を志向するのは軍隊に備わった常識としてあった。明治国家にあっては軍事権力者主導の下で膨大な軍事予算が計上される。その際、国家予算規模に比べて大きな軍事予算を計上するために、日本にとっての脅威を次々に設定する。そうすることで、「国家防衛」（以下、国防と略す）の用語が誰にも逆らえない、言うならば絶対用語として定着していく。

だが、ＷＷⅠの経験を踏まえ、陸・海軍は、財界・官僚・政界・学界等の諸勢力との関係調整を迫られる。つまり、陸・海軍にすれば、それまでほとんど没交渉であった他の国家諸機関や民間組織とも連携の輪を広げなければ、総力戦段階に相応しい軍拡は不可能な時代に入っていたのである。

ＷＷⅠで明らかとなった総力戦に備えるための国内軍需工業の充実は、ヨーロッパの主戦場に派遣された参戦武官からも強く要請される。それで軍需工業動員体制構築の要請は、陸・海軍にとって緊急検討課題となっていたのである。

軍需工業動員体制とは、従来の軍工廠を中心とする生産・補給体制と現存物資および人員徴発・徴用を目的とした徴発令（一八八二年八月制定）体制に加えて、平戦両時にわたる大量の軍需品生産を可能とする工業動員体制の確立を基本的要件とする。それで軍需工業動員体制構築の担い手は、単に陸・海軍や財界に留まらず、これに加えて官僚、政党、学界等の諸勢力全体となるはずであった[1]。

その意味でＷＷⅠは、軍需工業の拡充や戦後の経済経営の在り様までに大きな影響力を与えることになる。そこでは政府・財界・官僚・政党などが一丸となって、来るべき将来の総力戦に備えることが、共通課題として強く意識される。言い換えれば、ＷＷⅠを境にして、日本の国家構造や経済産業構造などが変容を迫られることになったのである。

とりわけ、航空機・潜水艦・戦車など近代兵器の登場や膨大な弾薬・燃料の消耗などが、国内工業の重化学工業化へと向かわせる。しかし、そこにおいて財界は、最初から軍需工業の拡充に必ずしも積極的ではなかった。将来的には重化学工業化の促進により、欧米と伍してアジアの市場進出を拡大したいとしていた財界ではあった。しかし、それによっていかなる利益を確保可能かについて、必ずしも確信を持てなかったからである。

そうするなかで、陸・海軍と財界は、次第に軍需工業動員政策をめぐり、競合・対立の様相を呈しながらも、総力戦段階に対応する軍需工業動員体制構築を共有可能な達成目標としていくことになる。そして、最終的には軍需工業動員体制構築を目指す陸・海軍との調整が図られ、協調を基軸とする関係に入っていく。それは大戦末期から、軍需工業動員法の制定（一九一八年四月）を一つの頂点として、陸・海軍と財界との間（以後、軍財間と称する）では相当程度の合意に達していくのである。以下、その経緯を陸軍の動きを中心にしばらく追ってみる。

軍需工業動員体制準備構想

総力戦段階における陸軍の緊急課題は、軍需品（砲弾・火薬・兵器・糧秣〈兵員用の食料や軍馬用の秣のこと〉・衣服等）の大量消費に対応可能な軍需品生産体制を確立すること。それこそが総力戦での戦勝の必須の条件であることを、特に陸軍は参戦諸国の戦時経済・政治体制の調査・研究から教訓として引き出しつつあった。

すなわち、陸軍はＷＷＩ勃発の翌年の一九一五（大正四）年一二月二七日、陸軍省内に臨時軍事調査委員会（委員長菅野尚一）を設置し、ヨーロッパ参戦諸国の戦時国内動員体制の調査・研究と日本国内の軍需品生産能力の実態把握に乗り出す。[2]

例えば、同委員会第二班は、「動員実施の概要」「応急準備と動員との関係」「動員と作戦輸送との関係」[3]など、「動員」関係事項の調査研究を担当し、同委員会発行の『月報』に動員・補充・復員、国家総動員のテーマと並び、軍需工業動員に関する記事を掲載している。[4]ここにおいて早くも総力戦体制の物的基盤として、軍需工業動員が着目されていたのである。しかし、それらは参戦諸国の実態紹介の域に留まっており、国家レベルにおいて、軍需工業動員体制への検討はほとんどなされていなかった。

これに対し、国内軍需工業動員体制と陸軍の国家総動員構想案を最初に提示したのは、参謀本部総務部第一課（編成動員担当）が作成した『全国動員計画必要の議』（一九一七年九月）である。

そこでは、「我工業界をして開戦と共に所謂工業動員を実施し、以て莫大なる需要に適応せしむるの困難なれば、敢て識者を俟て後識らざるなり」[5]と明記。軍需品生産能力の低位水準に対する危惧を卒直に表明していた。なかでも現状の軍需品生産体制が著しく軍工廠と外国依存に偏していること、軍工廠と民間工場との連絡・協力体制がまったく立ち遅れていること、などを指摘。こうした課題克服のため、全国にわたる広範な軍需工業動員体制を確立するためにも、これを指導・管理する統一機関の設置を提唱していく。

この間、臨時軍事調査委員会は、研究成果を次々に発表する。そのなかで『欧州交戦諸国の陸軍に就て』（一九一七年一月刊行）は、「第五章　交戦各国の実況概説」で、各国の軍需工業動員は軍関係機関の業務拡充により実施されたと報告している。そして結論として、「戦闘の勝敗は軍隊の精否（ママ）〈正否〉に関すること頗る大なり、是れ平時よりして軍隊教育に深遠の考慮を求むる所以なり」[6]と述べる。それは軍人精神の偏重が基本で、軍需工業動員の重要性を総力戦準備の第一にあげるまでには至っていなかった。

その一方で、陸軍整備の立ち遅れや、継戦能力への不安感を指摘し、これを解消するためにも軍需工業動員体制確立を説く見解が多くなってくる。後に軍需工業動員法の制定に重要な役割を果たす陸軍砲兵大佐吉田豊彦は、「愈々戦時状態を見るに及んで製造能力を極端に発揮せざる得ない以上、茲に於てか工業動員を行ふの必要が起って来る。而して此の工業動員が迅速に行はるると否とは戦局に甚大な影響を及ぼすことになる」[7]と記す。工業動員能力水準こそが、戦勝要素の根本となるとの判断を示していたのである。

また、陸軍砲兵少佐上村良助も、「いかに戦線に精鋭なる軍隊が配列せらるるにせよ、工業動員が完全に行はれて、軍器弾薬其他の兵器が、遺憾なく補給せられなかったなら、充分の活動は覚束ないのである」[8]と記し、ほぼ吉田と同様の見解を述べていたのである。

こうした見解をさらに具体的な展望をもって要約したのが陸軍少将菊池慎之助である。

すなわち、菊池は、「欧州戦乱の実験は独り軍隊の動員のみを以て足れりとせず。経済、工業は勿論国家の各機関を挙げて動員の必要を認むるに至れり。将来の動員豈に尋常一様の計画を以て甘んずべけんや」[9]と述べる。従来軍隊の戦場への移送を意味した純軍事用語としての「動員」(mobilization)を、総力戦段階では非軍事的領域にまで拡大して適用することが不可避となっている現状を強調した。菊池は、要するに国家総動員の概念を端的に提示していたのである。

「兵器独立」

こうした見解や各種調査機関の成果を踏まえた当該期陸軍の軍需工業動員体制構想は、臨時軍事調査委員会作成の『工業動員要綱』にほぼ集約される。そのなかでは「工業動員の眼目」として、次のものが列挙されている。

一　社会全般に亘る準備的平時施設を完備し、国防の要旨を離れざる経済発展に基礎を置く。
二　国策の大局を過らざる為各種の智識を糾合し、確実なる統計を基礎とし、根本的平戦時計画を確立し万難を排して之を断行す。
三　計画の遂行に適切なる組織を完備し、各組織の連繋を円滑周密ならしめ、之を最高統轄部の一貫せる恒久不変の方針に従属せしむ。
四　陸海軍、外交、財政、産業、交通運輸及其の他の行政機関の連繋を適切画一ならしむ。
五　平戦時に亘り完全なる兵器独立を図る為、基本原料就中鉄及石炭の資源を確保し、尚官民共同自給策の考究及普及に努む[10]

特にこのなかで第五項に記された「兵器独立」の文言は注目される。兵器独立について、歴代日本の陸・海軍は軍艦から小銃に至るまで外国兵器への依存率が高く、一貫して懸案となっていた。完全な「兵器独立国」となるための必須の条件として兵器の独立は、至極当然とする考えがあったからである。同時に「兵器独立」による兵器生産技術を確保することは、軍拡の実現に直結する課題でもあった。

その角度から工業動員は、日本経済の軍事化、つまり、軍事＝国防を中軸に据えた経済構造＝国防経済への転換を図ることを意味する。そして、国防経済の運営は、「最高統帥部」の指揮命令による各行政機関の一元的支配の確立が必要で、これは兵器生産の自立化と資源確保を目標とする官民共同自給策の準備による軍需品の必要量を概算していくなかで達成可能であるとする。

この構想は、陸軍だけでなく、文字通り国家の総力を挙げることで達成されるものとされていた。それゆえ陸軍は、他の諸機関・諸勢力にもこの構想への支持・協力を求め、積極的な動きを見せる。具体的には当面の現実的課題として、軍需品生産能力水準の調査・把握を一層徹底させる目的で、一九一八（大正七）年一月に臨時軍事調査委員会を設置する。

軍需動員に関心深める陸軍

同委員会の主宰者であった陸軍大臣大島健一（おおしまけんいち）は、同年一月一八日、同委員会第一回会同の席上でその設置理由を、「欧州戦役の実検に鑑（かんが）み、又輓近（ばんきん）〈最近〉工業科学の進歩に顧（かえり）みれば、我が現制陸軍技術及器材の改良、軍資の調達補給に一段の研究を重ね、以（もっ）て我が作戦能力を完全ならしむるの急務なるものある」[11]ためと訓示。

ここで明らかなごとく、陸軍は軍需工業動員体制構築の諸前提として、現状における軍需品生産能力再点検の作業を当面の課題としたのである。そして、同委員会による現状把握の成果が着実に得られていく過程で、より確実に軍需工業動員能力がどこに据えられなければならないかが明らかにされていく。これ以後、陸軍省内における軍需工業動員法必要論が急速に浮上してくるのは、同委員会のひとつの成果であったと言える。

さて、この委員会には参謀本部から次長、総務、第一、第二の各部長、教育総監部から本部長、騎兵監、野戦砲兵監、重砲兵監、工兵監、輜重(しちょう)兵監が、陸軍省から次官、軍務・兵器局の各局長、軍事・経理・鉄砲・器材課の各課長などが委員として参加。ここに見るように、陸軍全体の各部局が集結する。これら部局は担当領域に関係ある軍需品の必要量を概算し、それによって平時から必要な軍需品の量を策定しておこうとしたのである。

その際、同委員会は大戦中イギリスの軍需省内に設置された軍需会議をモデルとしており、そこでは軍需大臣が議長となって全体が極めて強力な統制・管理のもとに運営されていた。[12] 従って、陸軍も同委員会による調査・研究の実施と同時に、それが陸軍外の各官庁・諸機関をも統括し、工業動員を推進する中央機関としての役割を期待していたと考えられる。

海軍の動向

ＷＷＩ勃発を原因とした鉄鋼の輸入激減のため、深刻な造船兵器の材料不足に陥っていた海軍は、一九一五（大正四）年一二月二三日、海軍技術本部長栃内曽次郎(とちないそうじろう)の監督下に材料調査会（委員長市川(いちかわ)清次郎(せいじろう)）を設置し、その対応策を練る。「材料調査会内規」によれば、同会の役割は、次のようなものである。

甲　帝国領域内に産出する造船造兵材料並に其の原料の品質、数量、現状及将来の見込に関する調査研究。
乙　以上の材料及原料を軍用に供する為必要なる指導。
丙　外国製造船造兵材料の調査研究。
丁　各部に於て制定せんとする造船造兵材料試験検査規格の調査。[13]

海軍の場合、艦船製造用の材料は多種にわたっており、鉄鋼輸入の激減という前例のない事態は、戦時における材料・原料の確保と、平時における材料製造能力の充実とを認識させることになった。

このことは同年一〇月二日に設置され、WWI参加諸国の海軍における動員状況の研究調査を担当した臨時海軍調査委員会（委員長山屋他人）の第二分科会に「出師準備品」、「戒厳・徴発」、第三分科会に「機関」、「軍需品」の調査研究項目が設けられたことからも知れる。すなわち、「出師準備品」調査は戦時に必要な軍需品の国内自給率の算定、「戒厳・徴発」は民間所有の既存物資の所有量の調査、「機関」は民間工場における軍需品生産能力の実態把握、「軍需品」では燃料を中心にした一般軍需品の調査が目標とされていたからである。

以上、二つの分科会の設置から、海軍が大戦の勃発と同時に、工業動員の必要性を陸軍同様と認識していたことが知れる。さらにこれらとは別に平戦両時における軍需工業動員の具体的な内容をより総合的に検討して計画を立案するため、一九一七（大正六）年六月二日に兵資調査会（委員長左近司政三）が設置される。これは陸軍の軍需調査委員会に相当するものであった。

兵資調査会の「処務内規」によれば、「海軍部内及部外の軍需工業力を調査し、軍需品製造補給に於て作戦上遺憾なき様、平時より施設すべき事項、及び戦時実施すべき工業動員計画を完成するを目的とす」（第一条）とし、同会が軍需工業動員体制構築を目指す意図のもとに設置されたことを明記する。[14]

同会で構想された具体的な軍需工業動員計画は、同年八月二日付で同会の溝部洋六委員が、古川鈊三郎委員と、左近司委員宛に提出した「英国軍需省を新設したる理由及我帝国に其の必要の有無」[15]と題する通牒によって明らかである。そこでは、まず、イギリスが軍需省を設置（一九一五年五月）した理由を、戦時中の軍需品の製造、運輸・供給の有効なる増進の必要性、軍需品製造供給の統一を図る中央管理機構設置、陸海軍軍人の実業方面への不慣れ、労働者（特に職工）の確保などにあったとする。そして、設置の「利点」の次のように列記する。

一、統一せられたる中央管理は、海陸両省の協定に俟つよりも確実なり。
二、陸海軍の協定は容易なるが如きも、事実に於て然らざれば、之が調和を期する機関必要なり。
三、軍人以外の実業家、技術家を集め、其力を平易に軍隊後方の用務に利用することを得。
四、戦闘を単に軍隊のみが任ずると云ふ形式を破り、挙国に任ずるの形式となる。
五、軍需品製作供給の能率を増加することを得べし。

ここでは単に陸海軍の統一機関設置の発想を超えて、軍以外の諸機関、諸勢力との協調関係の制度化を是とする、総力戦体制構築の認識を読み取ることが可能であろう。特に軍需工業動員体制の準備が、「挙国に任ずるの形式」となると強調したのは、海軍が陸軍以上に工業水準の低位性克服を切実な課題として認識していたことを示す。

しかし、その一方で海軍としても、次の内容を「害点」としてあげ、慎重な姿勢も見せていたのである。

一、中央管理機関の長官に（又は陸軍々人か海軍々人から一人）部外者を用ゆる結果、陸軍、海軍、直接の要求を或は中途に遅延せしむるの弊害を生ことなきか。

二、陸軍、海軍の協定が完全に遂行するものとせば、不必要なる一機関を増加する害あり。

軍需省設置構想の根底には、あくまで陸・海軍主導による軍需工業動員体制構築の志向が存在していた。その意味で主導性が保証されれば、イギリス型の軍需省設置を是と考えていたのである。したがって、軍需省設置による「害点」はそれほどの意味をもつものではなく、海軍としては各種調査会の成果をもとに軍需省設置を積極的に構想する。

以上、溝部委員の提言は、当該期海軍幹部の見解をほぼ集約したものと考えられる。つまり、兵資調査会委員長左近司は、これに関連して同調査会が、「宇内の大勢に応じ、我が国策の基礎として調査研究を進めざるべからず[16]〈二重の否定用法で「進めなければならない」の強調〉」との認識を明らかにする。ここで左近司の言う「宇内の大勢」とは、戦時における高度の軍需工業動員体制構築を不可避とする総力戦段階の出現を示しているのである。

同様の認識は、一九一七（大正六）年一二月一三日、農商務商工局長名で提出された「工業用材料機械類の形状寸法統一並に度量衡統一に関する件」に対し、兵資調査会が作成した回答案にも見出すことが出来る。

そこでは、「工業力増進の根本として錯雑せる我工業界統一的基準を扶殖することの軍事上並に経済上切要なるは、大勢既に之を認むる所なり[17]」と記す。工業能力水準の引き上げに根本的に不可欠であった度量衡規格統一問題にも、積極的に関心を示していたのである。言うまでもなく度量衡規格統一問題は、生産の効率化、生産力拡充にとって重要課題であり、官営工場と民間工場との生産技術の平準化にも必須のものであった。

軍需工業動員構想案の登場

一九一八（大正七）年二月、兵資調査会は以上の経過を踏まえて、より具体的な軍需工業動員構想案を作成する。すなわち、東鳥猪之吉委員は、同年二月二五日付の「軍需工業動員及工場管理状況に関し[18]」と題する文書の中で、ＷＷＩ参加諸国の軍需工業動員実施の実態について分析した結果、各国に共通する要点として次の内容を列挙する。

一、軍需工業管理機関の新設
二、軍需品の使用、売買移動輸出制限若くは禁止管理
三、前項国内所有高及其分布調査並に其管理
四、軍需品の輸出禁止若くは制限
五、同輸入
六、官立工場拡張
七、官立工場新設
八、民間軍需工場拡張
九、軍需工業に転用し得べき民間工場利用
一〇、民間軍需工場新設
一一、工場管理
一二、輸送管理
一三、人員、原料、材料、機械の適当なる補給

以上の諸点は、法律または勅令によって政府が必要に応じて、国内資源、農・商工業、輸送機関や

人員を随意に利用した経緯があったとしている。また、ここでは海軍が構想する軍需工業動員体制の青写真が、参戦諸国の実態報告・調査という形をとって明らかにされている。

それは同時に同年四月に制定された軍需工業動員法への海軍の最終的原案としての性格をも示している。実際、海軍の構想は同法のなかで、相当程度条文化されていくのである。その際、海軍はイギリス型の軍需工業動員体制を模範とし、その積極的導入を説いていた。

すなわち、イギリスでは、「国防法」(Defence of general Act)、「国防条例法」(Defence cf general regulation Act) など軍需品法を設けて、政府がこれらの法律によって軍需工業を強力に統制・管理していた。なかでも海軍省、軍事参議院(陸軍省)、軍需大臣に付与された権限規定を記した「国防法」の内容は、軍需工業動員法の原型と言って過言ではない。それは次のような内容である。

(イ) 如何なる会社工場に対しても、其全部又は一部の生産力を政府の様に要求し得ること。

(ロ) 如何なる会社又は現存設備と雖(いえど)も、政府の様に使用又収容し得ること。

(ハ) 如何なる会社工場と雖も、海陸軍省軍需大臣が軍縮軍需材料の生産を大ならしむる為に与うる指令に従ふべきこと。

(ニ) 或会社工場に於ける軍需品の生産を維持し、又は増加せしが為に他の社工場の業(なりわい)、経営者の使用機械及設備の移動を制限し得ること、戦用品に使用し得べき金属及び材料の供給を調節し又は管理し得ること。

（ホ）軍需品の生産貯蔵又は輸送に従事する職工の居住用として、如何なる空家と雖も占有し得ること。[19]

同年四月に入ってからも、兵資調査会は、「我海軍に於て使用する原料及材料中、我国に生産せざるもの並に生産不充分なるものの調査」を作成し、一般民間工場・会社における軍需品の生産管理・統制への要求を次のような内容で明らかにする。

「本調査は専ら著名なる工業会社に就き其現状を視察し、一面各種の書類を参照して記上することに努めたるも、調査の範囲広範にして未だ視察の行届かざるもの頗る多きを以て、正鵠を失するもののなきを保せず。加之（その上）本部生産力の査定は企業界の常態として各会社多くは、其己れの工業力を発表するを欲せざるを以て、容易に其真相を穿つことを得ざれば遺憾とする処あり[20]」

これは明らかに前ページのイギリス国防法の条項を参考としたもの。民間工業・工場の生産管理・統制によって、はじめて軍需工業動員体制が可能だとする海軍の判断を示したものである。こうした海軍の判断は、軍需工業動員法制定後も繰り返し強調された。その真意が民間産業の軍事的動員にあったことは言うまでもない。

例えば、一九一八年二月九日から一六日にかけ、海軍技術本部長伊藤乙次郎主宰下に開催された大正七年度工廠長会議の席上における艦政局長中野直枝の次の発言が参考になろう。

「戦時に於ける軍の要求を充さんが為平時より民間軍需産業の発達を図り、機に臨み、其の潜勢力を活用して軍の工作力を補足し、以て軍需品の自給自足を得んことは国家経済上最も緊要なる一事なり」[21]

海軍はイギリス型の軍需工業動員体制を模範としつつ、内閣に軍需工業動員の統制・管理の権限を集中させていたイギリスの権限所在と異なり、あくまで陸・海軍の主導性を堅持する方針。しかし、この場合、官民工場・企業間の連携体制が不充分なこと、民間軍需生産能力の低位性といった課題の存在は、海軍にしてもいかなる軍需工業統轄機関を設定すべきか苦慮させることになる。

政府・財界関係者の構想

寺内正毅内閣の有力な経済ブレーンであった西原亀三は、一九一七（大正六）三月に「戦時経済動員計画私議」を作成し、寺内首相に提出。そこでは、ＷＷＩにおける勝敗が「経済的施設の優劣」によって決定された、とする総力戦の認識を示し、これへの対応の必要性を次のように説いている。

「軍需品供給に遺憾なきを期せむが為には、各般の産業は国家自から之を管理統制し或は保護監督し、而して〈それに加えて〉財政の運用に就ては租税及び公債に依り、多額の資金を民間より吸収して、更に民間に散布するを常とするを以て資金収散の調和に周到の工夫を費するのみならず、戦争に基く経済上の変動を調理し、国民の生活を安全にせむが為め、各般の施設到らざる無く、以て戦勝の栄冠を戴はむことに勗めつつあり」[22]

つまり、WWI参戦諸国が軍需品供給の徹底確保のために、国家による管理・統制による経済統制の導入を行ない、その上で民間資本の充実、投資による民間産業育成の処置が採られたとしている。これを参考として日本の場合も、来るべき有事の際には、「後方勤務たる農工商交通の各業をして、組織的に活動せしむるの施設を完成し、彼の列強と相譲らざる経済的動員計画を定むるか如きは蓋し喫緊の要件なり」[23]として、早急な国家総動員体制の整備を説き、その中心を経済工業動員に置く見解を示す。その際、具体的な経済工業動員計画として次の内容を挙げている。

それは陸・海軍の構想と異なり、当該期日本の経済環境や工業能力水準を充分に踏まえた、より合理的なものであったのである。

「戦時に於て此の任務を完全に遂行し、以て我が乱雑なる経済組織を整応、列強の施設に遅れず進んで経緯整然たる経済組織を樹立せんと欲せば、亘しく内外の現状を稽査し、我が実状に適応せしむき可き最善の経済的国是を定め、百難を排しめ、之が状行を図り、克く其目的を貫徹せざる可からず。而して其の実行機関として軍需省を設置し、最上の権力を付与し更に金融系統を整理して中央地方一貫せしむるの途を講じ、守備相応して克く責任を遂行せしむるにありとす」[24]

ここで注目すべきは経済工業動員統轄機関としての軍需省設置である。これは海軍の兵資調査会の軍需省設置構想と、ほぼ同一の着想から出たものであった。ただ、西原のそれは明らかに政府・財界主導による経済機関としての位置づけが徹底していたと言えよう。

西原は軍需省の具体的な構成内容について、それは購買局・配給局・統制局・労働局・企画局の五局から成るとする。購買局は兵器、糧食等軍需品一切と軍需品製造用原料の購入を担当し、全軍需品は配給局に移行するものとした。配給局から輸入品の種類によって、軍隊または軍需品製造工場に配給されることになる。

統制局は監督工場や鉱山が有効な経営方法を採用するよう指導し、企業者の利潤および労働者の賃金を統制する。労働局は経済変動や軍隊への徴収によって生じる労働力の過不足を調節する。企画局は軍需品の購買配給の敏活化と調整を図り、あるいは陸海軍や自治体等の工廠、企業に要する物動力の種類、数量を調査し、同時に他局との調和を図り、全局の機能を把握するとした。

このように西原構想によれば、各局の役割分担が明文化されてはいたが、問題はこれを統制する軍需省長官たる軍需大臣の権限である。その点、西原は次のように述べる。

「軍需省の組織権限に就(つい)ては開戦と同時に緊急命令を以て定め、軍需大臣の権力は殊(こと)に強大ならしめ、機に臨み変に応じ、其の権限の行使に支障なきを期すべし。且つ其の官吏の任用に就ては、特別任用法に依り商工業に関し智識経験ある錬達(れんたつ)の士を普(あまね)く民間より採用し、地方官庁と相連繋して職務を行はしむべき也[25]」

この軍需大臣の権限の絶対化は、イギリスの軍需大臣が保有した権限内容を模範としたものと考えられる。

根底に経済立国主義

ただ、そこで意図されたことは、内閣統制下における合理的な経済・工業動員体制構築を、あくまで内閣主導で進めることであった。

西原が構想した経済工業動員体制は、陸・海軍のそれが直接戦時を想定しての平時準備であったのに対して、むしろWWI後経済界に浸透しつつあった経済立国主義、あるいは重化学工業化促進の契機とする位置づけが強い。

すなわち、西原は、『経済立国主義』のなかで、大戦後の経済運営においては、国民の「共同生存の必要と共同の利益の自覚とに基き、国民が国家の一員として同一軌道の上に経済上の進歩発達を期するに在(あ)り。勿論何(いず)れの国たりとも、現在に在りては恐らく経済立国主義の体(てい)せざるものなからむ[26]」

と述べていたのである。

国民を国家経済の一単位とし、国民間の経済格差を解消、平準化することが経済的共存主義の思想である。国民の生活経済活動が国家経済に直結することこそ、国家経済発展の原動力と位置づけたのである。

西原の経済立国主義は、このように理念的かつ精神主義の段階にあったものだが、農業・商業・工業・政治・外交・宗教・教育・軍事・交通など国家を構成する諸領域にわたる統一的かつ総合的な把握を国家が積極的に実行し、その中心にあくまで経済を置くというものであった。それは日本経済が抱えていた当面の課題である経済工業水準の低位性克服につながるものとされたのであろう。

西原の説く経済立国主義は、戦後における重化学工業発展を志向する財界の声を代弁したものであり、その限りで陸・海軍の見解と矛盾するものでない。特に軍需工業動員体制構築を経済発展の一大契機とする点で一致点を見出してはいたが、問題は、その目標達成の方法と主導権を何処に置くかであったのである。

目立ちはじめる財界側からの軍産協同路線

このことと関連して、戦後経営の方法をめぐり、軍需工業動員との関係で論ずる見解が大戦中から目立って多くなっている。例えば、経済雑誌『財政経済時報』の発行者であった本多精一（ほんだせいいち）（東京日日新聞社長、筆名・雪堂）は、戦後経営につき大戦後準備すべき事項として次の四項目をあげる。

（一）戦時に於ける軍器軍需品の製造を如何にすべき。
（二）之に要する熟練職工の養成を如何にすべき。
（三）戦時孤立の場合に於て原料の取得を如何にすべき。
（四）平時に於て軍器軍需品の製造原料を自給する方法如何。[27]

戦時軍需品製造、熟練職工養成、原料取得、軍器軍需品製造、原料自給の課題克服こそ戦後経営の目的だとする本多の見解は、明らかに総力戦段階への対応を念頭に置いたもの。しかし、問題はこの平時における総力戦準備の経済的効果についてであった。

本多はこれに関し、次のように述べて、経済面での効果の可能性を説き、軍部と財界との協力の必要性を、「第一は有事の際最も迅速に又最も有効に工業動員を行ひ得べきこと、第二は平時に於ける軍器軍需品の製造が一般工業界を利し、国防費の一部を以て工業資本の用を為さしむることである[28]」と説く。

要するに、民間産業が軍需産業に積極的に進出することで、経済・工業の活性化を図ること、そのためには軍産協同路線の定着が不可欠とする判断を示したのである。

また、民間工業の発展充実こそ、軍需工業動員体制の前提条件とする見解が、当該期の経済雑誌に多く見られる。

例えば、達堂〈本名は不明だが、文面から企業家〈工業家〉と思われる〉の筆名で掲載された「軍需工業の将来」と題する評論は、「軍需工業動員に就ても民間工業が平時に於て進歩し居らざれば、戦時に於て幾多の用も為すべき」[29]とし、「民間工業を奨励するにあらざれば動員は単に取締に過ぎずして何等の実効を奏するには至らぬのである」[30]と述べる。民間工業育成のためには、何よりも国家による保護奨励策の徹底が必要であるとした。さらに、保護奨励策の問題について、軍需工業動員法制定との関連で、次のような見解をも示す。

「軍需工業動員法の規定に依れば、政府は必要に応じて工場、事業場及び附属設備の全部又は一部を管理し、使用又は収用することを得るのであるから、政府の機能は頗る広汎且つ多大である。随ふて政府官吏にして民間工業を奨励し保護する精神なくして其の権能を濫用することあれば、其の弊害は固より多大にして、而かも動員の目的を達せざるに至るのである」[31]

つまり、政府による民間工業への積極的な保護奨励の必要性を説き、それこそが軍需工業動員の前提条件であると。そして結論として、「工業動員は我工業家に取りて復一種の利益を与ふるものである」[32]とする認識を明らかにしていたのである。

軍需工業動員が「一種の利益」とする見解は、財界人にとって、重化学工業化促進を軍需工業へのより一層の接近によって果たしたいとする考えの表れでもある。それは日本経済構造の中に軍需工業を確実に含みこむことで、軍産協同の体制を作り上げようとするものと言える。こうした発想の背景には、財界人のなかに大戦を契機にして、軍部が「大に民間の軍需工業は是に依りて一層の重きを為すに至った[33]」とする判断があったからにほかならない。

　いずれにせよ、軍需工業動員をめぐって、軍財の双方がそれぞれの思惑を抱きながらも、相互補完的あるいは相互協力的関係に入らざるを得ない状況にあったのである。それは当該期の日本重化学工業が抱えた課題、すなわち、資本蓄積および工業技術水準の低位性を克服するために、取り敢えず軍需拡大の方向が、特に重化学工業関係の財界人に一定程度支持されていたからである。

　この時期には陸・海軍費が国家歳出の四分一前後を占めており、軍事費の負担はすこぶる大であった。それで政府は民間工業に軍需生産を奨励したことで、一層軍需拡大に拍車がかかっていた。このことも、軍財協調路線の固定化の背景となっていたと考えられる。

　こうして軍財双方の軍需工業動員構想は、基本的に調整可能な内容と経済状況のなかで、ますますその連動関係を明確にしていく。つまり、民間工業への積極的な保護奨励の必要が論じられていったのである。そこで次に連動関係の実態を見ていくために、軍需工業動員構想上で調整あるいは妥協が必要とされた主要な課題について検討しておきたい。

2　軍需工業動員構想をめぐって

自給自足論

大戦勃発による工業原料の輸入減少あるいは途絶は、軍部や財界に大きな衝撃を与える。それで、これへの対応策が迫られることになっていく。その一つが、一九一六年（大正五年）四月に設置された経済調査会における仲小路廉(なかしょうじれん)農商務相（寺内正毅内閣）の「国家の独立自給」体制の早急準備を説いた次の発言であろう。

「国家の独立自給に必要なる主要生産及海外貿易に必要なる組織の完成を遂(と)げ、以て将来に必要なる各種の画策を定め特に国家百年の大計を樹立することは、実に今日の急務なりと思考せし[34]」

仲小路の「国家の独立自給」論に類似した自給自足論をめぐって、ＷＷⅠ期間中から様々な見解が示される。それは軍需工業動員体制構築上、極めて重要な問題であった。なぜなら、軍需工業動員体制を基盤とする総力戦体制は、基本的に自給自足経済の確立を前提とした軍事・政治体制であるからである。以下、軍財関係者の発言を追ってみよう。

まず、陸軍省兵器局課員・砲兵少佐鈴村吉一（すずむらよしかず）は、総力戦段階に適合する軍需工業動員体制構築の目標が軍需品の自給自足確保にあるとして、次のように述べている。

「工業動員の計画に併せ生起すべき問題は、軍需品自給独立の件是（これ）なりとす。軍需品自給独立は既に説明したる各種の素質を意味するが故に、結局一方には工業動員を計画し、他方には軍需品補給を主題とする国家工業政策を樹立せざるべからざることに帰着す[35]」

戦時における軍需品の自給自足は純軍事的要請からいっても不可欠な戦勝要素であるとし、軍需工業動員が戦時を想定して企画されるものである限り、自給自足体制確立も、そこから案出された一つの結論であったとする。鈴村と共に軍需工業動員法制定の立役者であった陸軍省兵器局工政課長吉田豊彦は、「戦時に於ける物資供給の能否（のうひ）〈可否〉は戦争勝敗の決に関するを以て国防の見地よりせば、軍需物資は悉（ことごと）く自給自足を理想とす[36]」と述べ、同様の見解を披瀝（ひれき）している。

海軍の見解

海軍においても同様の見解が目立つ。たとえば、海軍主計中監・海軍中将佐伯敬一郎（さえきけいいちろう）は、ＷＷＩの教訓から自給自足体制の整備がそこでいかに機能したかについて、ドイツを例に取りあげて説明する。なかでも、「自給自足経済と云ひ、農工業の独立と云ひ、若くば工業動員と云ふ。何れも従前国民の一瞥を価せざりし経済主義なり」[37]と述べ、自給自足の対象を単に軍需品に限定せず、広く生活関連物資までも含むものでなければならないとしたのである。

しかし、海軍内におけるこのような自給自足の対象品目の広範性を説く見解は少数派であり、むしろ次のように軍需品に特化する見解が代表的なものであった。すなわち、一九一七（大正六）年七月三一日、海軍省内で開催された経理部長等会議の際、海軍省経理局長志佐勝は、海軍大臣加藤友三郎宛に次のような通牒を送付している。

「軍需品の独立自給は現戦役の実験に鑑み、其必要を感ずること最も切なり。近時民間工業の発達に伴ひ、従来外国より供給を仰ぎたる物資にして、内地にて生産せられるに至りしもの尠からざる如きは、国家の為め真に慶賀に堪へざる処なり。軍需品の調弁に対しては、常に此の意を体し、国内自給の目的を貫徹するに遺憾なからんことを望む」[38]

ここでは「国内自給」の具体的方法に言及していないが、軍需品の国内自給率が高ければ高いほど軍事的合理性に合致したものである、といった判断が示される。しかし、これを経済合理性や効率の点から見た場合、財界人から次のような慎重論が出てくるのも当然であった。例えば、雑誌記者を経て朝鮮総督府嘱託の職を務めた経験を持つ善生永助は、次のように述べる。

「勿論自給自足主義は経済上の安全第一であるが、個人に全智全能を求め得ざる如く、国家に在りても如何なる種類のとして述べられたものであったが、特に鉄、羊毛、タール工業生産品をも自給することは難く、従って平時に於て極端に、アルカリ工業等の戦略物資および軍需品生産関係の品目其実行を企画するは、国家保護の趣旨には合致するが、消費者の不利益を来さしむるあると共に、資本及び労力の損失を伴ふことがあるから、余程手加減をせねばならぬのである[39]」

すなわち、完全な自給自足の経済体制は、経済合理性に合致する範囲での推進であれば有効であるとする慎重な見解を示しながら、後段では大戦後各国で採用されつつあったより柔軟な自給主義を骨子とする経済政策の導入が必要だと説いたのである。

そして、日本の極端な原料不足、工業生産能力や資本蓄積の低位性など、日本資本主義が内包する構造的矛盾を列挙しつつ、「工業の独立と共に自給自足は須らく経済上の標語として国民の一日も忘る可らざるものに属する[40]」と言うそれらの矛盾克服と戦後の経済運営のために、自給自足経済を志向する国民意識の形成にも配慮すべきだとの見解を示す。

これに対し農商務大臣仲小路廉などは、特に工業用の基礎的原料を自給自足することに力点を置きつつ、自らの自給自足論を次のように展開する。

「熟つら現時の情態を見るに、理論の上に於ては兎も角、実際の必要より今日の場合に於ては国家国民の存立上必要なる物質は、自給自足の途を講ぜざる可からざるは固より、総ての物資悉く之を自給に待つと云ふが如きは到底行はるべきことには非ざるも、国防及び百般〈さまざまな〉工業の基礎的材料は必ず自給の方策を樹立せざる可らざる」[41]

仲小路のこの見解は、産業調査会設置（一九二〇年二月）理由として述べられたものであったが、特に朝鮮総督府嘱託・善生も例示していた鉄、羊毛、タール工業、アルカリ工業等の戦略物資および軍需品生産関係の品目を「基礎的材料」と位置づけ、これを取り敢えずは自給自足の対象品目としたのである。

しかし、以上の自給自足論に対し、当時慶応大学経済学部長であった堀江帰一などは、当該期活発化していた中国への資本輸出・投下の推進という対中国政策との関連で、いまで言えば、グローバル主義的観点から次の警戒論を述べる。

「我国にして対支経営に重きを置く以上は、自給主義の如きは之を一擲し、日支両国若しくは日本と支那の一部とを挙げて、一つの経済単位とし、其間に於ける経済上の関係の共通を謀らざる可からざるの道理なるに、自給主義の如きに齷齪するに至っては、論者の眼孔甚だ小なり」[42]

さらに、堀江は自給自足論者が輸出貿易を奨励し、輸入を抑制する主張は矛盾であり、平時における総貿易量の増大が国民経済の発展には肝要だとした。そして平和経済に軍国主義の要素を入れることを不可とし、平和主義を基調とする国民経済の発展が国防強化に通ずるとの判断を示す。これは極めて経済合理性を踏まえた議論と言える。

しかし、堀江の基本的課題は、中国との経済ブロックの形をとっての自給自足による中国資源確保であり、その意味では広義の自給自足圏の形成であった。またこれは、その後、生まれてくる「大東亜共栄圏」構想につながっていく。

この他にも自給自足論自体を全面的に否定する見解もあった。たとえば、鶴城仁吉（つるしろじんきち）は、「自給自足経済論今如何」のなかで、「自給自足経済論を主張するのは、要するに鎖国政策を行はんとするものにして、我が国是たる開国進取の宏謨（こうぼ）〈大きな計画〉に反し、此の国是を根底より覆没（ふくぼつ）せしめんとするの議論と認めざるべからざるもの[43]」と記す。

また、貴族院議員斯波忠三郎（しばちゅうさぶろう）（後に東大工科大教授、日満マグネシウム・満州化学社長）は、「工業の独立は国家の独立を意味する。工業の独立無くして国家の独立は有り得ない。而して吾日本国が此意味で工業の独立をなすためには、現在の制度組織に非常な欠点を認むるにより之を打破せねばならず[44]」と述べる。「制度組織」の「非常な欠点」を是正するために、製鉄業の国家的保護、原料確保・供給、工場経営法の改良研究、工業教育の推進を図り、これを強力な国家の直接指導下に実行すべきだとしたのである。

つまり、斯波は自給自足経済を現実化するためには、国家の強力な支援が不可欠であり、自給自足経済は経済への国家の介入を不可避とした。それが結局は工業の独立に通ずとしたわけで、諸外国との貿易関係が制限、あるいは停止したとしても活動可能な工業独立は、国家の支援、具体的には保護奨励法などの実施を待って、はじめて成立するものとしたのである。

それで軍部の自給自足論にしても、財界関係者のそれにしても、いずれも国家経済の再編という課題と直接関係するものであり、国家経済との連動という点では軍財は共同歩調を採り得るはずであった。同時に自給自足経済の確立のためには、その物的基盤となる工業用原料の自給をも前提としていたことから、その原料獲得方法をめぐっても一致点を見出す可能性があった。それは具体的に中国資源への着目において明らかである。

いずれにせよ、これら自給自足経済主義には平戦両時における工業の独立、すなわち、軍需品および一般・民間需給品の外国依存を極力抑えることが意図されていたのである。

中国資源への着目

自給自足主義を現実に移すためには、工業用原料や動力源が必要であり、ここから大陸資源の確保という課題が登場してくる。すなわち、鈴木隆史（すずきたかし）（千葉大学名誉教授）が指摘したように、総力戦体制の構築にとっても、「戦争遂行を支える軍需資源確保を絶対的な要件とする」[45]のであり、その資源確保対象地域が中国大陸であった。そして、大戦後から急速に高まる中国へのアプローチが、先（本書三二ページ以下）に紹介した西原亀三のいわゆる「西原借款」（一九一七年）であり、「対華二十一ヵ条の要求」（一九一五年）である。

ここから同じく鈴木は、次のように重要な指摘を行なっている。すなわち、「総力戦準備の進行に対応して、日本帝国主義の中国大陸に対する植民地侵略の衝動を、たえず促迫する基本的要因の一つがあったことを看過することができない」[46]と。

当該期日本の総力戦体制構築への志向が、日本国内資源の絶対量不足のために中国への経済的軍事的侵略を不可避とさせ、それとほぼ併行して国内におけるファッショ化促進の要因となったのである。そこで次に支配層の中国資源確保論を追ってみたい。

日露戦争以後、中国大陸への領土的野心を一貫して保持していた陸軍は、対ロシア再戦準備の観点から中国、なかでも満蒙地域（中国東北部）の軍事拠点化への工作に最大の関心を払っていた。それで、満蒙地域への関心が領土的・軍事的なものから資源的確保の対象地域へと具体化したのは、大戦を境として一層明らかであった。特にロシア革命（一九一七年）による帝政ロシアの崩壊は、一層そのことを決定づける要因となったのである。

陸軍のなかでも、特に参謀本部が中国資源獲得に積極的であった。当初の陸軍省は、中国の資源調査を中国各地に配置した諜報機関に依託すれば足りると判断する程度でいたのである[47]。

これに対して参謀次長明石元二郎（あかしもとじろう）は、陸軍大臣大島健一（おおしまけんいち）（本書二三頁参照）宛通牒のなかで、一九一〇（明治四三）年以降継続中の中国資源調査は、調査費の続く限り継続するよう進言する[48]。この時期、参謀本部の中国資源確保論は、次のように露骨なものになっていく。

「満州及内蒙古の調査に関しては、関東都督府之が調査を進捗しつつあり。然も該〈その〉方面作戦の場合に於ても豊富なる支那の物資を利用せざるべからざることを予期せざるべからざるのみならず、殊に山東半島を領有したる今日、対支那作戦上北部支那中部支那は勿論、南部支那の物資を直接利用せざるべからざる場合多かるべし。其他南洋方面の作戦に於ては、是又支那本部の物資を利用するを有利とする場合あるべし」[49]

なお、この他にも参謀総長長谷川好道は、一九一五（大正四）年三月三〇日付で陸軍大臣岡市之助宛に「支那土地調査の件照会」[50]、さらに六月二四日付で「蒙古土地調査の件照会」[51]を送付し、中国・蒙古の土地・資源調査の必要性を説いている。

要するに、参謀本部にとって中国資源は、作戦遂行上必要不可欠な戦略資源であって、その獲得対象地域は中国全土にわたる広範囲なものであったのである。こうした純軍事的要請が軍部にとって、第一義的となる。次の宇垣一成（当時陸軍省軍事課長）の発言は、参謀本部と比較してやや露骨さを抑えているものの、中国資源獲得の正当性を理由づけようとしたものであった。

「帝国の支那に対する企画は所謂国家存亡問題に切実に接触しあるものとす。即ち平時に於ては

（中略）原料の供給等は地理上主として之を支那に求得て始めて世界の競争場裡に立つには克く帝国生存を全ふし得るなるべし。将又有事の日に方りては支那を以て（中略）帝国が一朝欧米強国の封鎖を蒙るか如き場合に在りては国民生活の需品、軍需原料等の不足は多く之を支那の供給に得て克く我国防を完ふし、帝国の存立を保ち得るに至るものとす」[52]

つまり、中国資源の利用目的が平戦両時にわたって説かれ、その安定確保が日本「存立」の基盤と位置づける。それによって中国資源確保の絶対性と正当性が、国民生活レベルの安定化に通ずるものと説く。後の中国侵略の正当性を説く論理が、早くもここに見出されるのである。

こうした発言をも踏まえつつ、陸軍内では公式に中国資源調査研究機関が発足。その代表的なものが参謀本部第二部（情報担当）第五課（支那課）に所属する兵要地誌班である。

すなわち、一九一五（大正四）年九月、兵要地誌班長に就任した陸軍少佐小磯国昭（後の首相）は、兵要地誌班の業務内容を単に地理的地学的調査に留まらず、原料・資源調査にまで拡大し、戦時における不足資源の供給地として、中国・蒙古地方の資源把握に乗り出す。

小磯が兵要地誌班に配属された当時、陸軍には平戦両時を通しての国防資源の獲得と、それの日本国内への輸送および戦地への軍需品輸送を統一的に管掌する機関が存在しなかった。それで、小磯の課題は中国・蒙古資源の把握と、それの国内搬入手段の検討を行なう。小磯は同年八月から九月にかけて、まず蒙古地方での資源調査旅行を実施。その成果を『東部内蒙古調査報告経済資料』と題する報告書にまとめる。

小磯は蒙古地方への調査旅行の意味を、「対露支作戦上、必要とする東部内蒙古の兵要地誌資源を調査すると同時に、平時施策を如何に進めて置くのを適当とするやを調査しようというのが目的であった[53]」としている。ここで言う「平時施策」とは、平時における工業動員に不可欠な国内不足資源の安定供給体制の確立を目指したものである。

次いで兵要地誌班は、中国を将来における戦争準備体制、換言すれば国内における国家総動員体制実現を図るための資源獲得地として位置づける。そして、中国で得られる資源を国防資源の中核とすべきことなどを説いた『帝国国防資源』（別名『小磯国昭少佐私案』）を、一九一七（大正六）年八月に作成する。

小磯と西原らの総力戦認識

この『帝国国防資源』の総論と結論を執筆担当した小磯は、ＷＷＩでの戦争形態の変化に着目して、今後の戦争の勝敗は、「宛然（えんぜん）〈そっくりそのまま〉経済戦の結果に依りて決せられんとするの観あらしむ[54]」傾向が一段と強まり、経済動員の優劣が戦局を左右するとした。

さらに、「長期戦争最終の勝利は鉄火の決裁を敢行し能（あた）はざる限り、戦時自給経済を経営し得る者の掌裡（しょうり）〈てのひらのうち〉に帰すること瞭（あきらか）なり[55]」とし、長期戦を不可避とする場合、戦時自給経済の確立こそが勝利の最大要因と力説。そのためにも平時より戦時経済準備と、その基盤となるべき資源確保の方策を早急に立案しておくよう強調した。小磯はその資源供給地として、「支那の供給力に負る所将来益々多からんとす」[56]と述べて中国資源への関心を明らかにする。

従って、今後日本の対中国政策は、中国における日本の経済的軍事的支配を強化し、資源獲得の目標達成に置くべきだとの判断を示していたのである。この他、一九一六（大正五）年から一七年にかけて、中国の土地・資源調査報告書が次々に作成され、その調査は支那駐屯軍司令部の責任によって実施された。

例えば、その成果には次のようなものがある。「東部内蒙古旅行報告　大正六年三月　陸軍歩兵大尉小林角太郎」、「東部内蒙古調査地域沿道戸数井戸数表大正五年度　陸軍歩兵中尉江川淳一」、「東部内蒙古用兵に関する調査報告　大正五年度　陸軍歩兵中尉江川淳一」、「東部内蒙古施設経営に関する調査報告　大正五年度　陸軍歩兵中尉江川淳一」[57]など。

陸軍省内における中国資源への着目は、以上のような歩兵だけでなく、陸軍省兵器局においても見出すことができる。大戦に出現した新たな兵器体系や兵器自体の大量生産・大量消費の実態研究を行なっていた兵器局は、兵器の国内開発・国内自給のためには国内軍需工業の発展が不可欠として、その物的基盤である原料の供給地として中国への関心を強く持っていたのである。その一例として、兵器局工政課長吉田豊彦は、国内における不足資源の解決策として次のように記す。

「支那に於ては鉄、亜鉛、鉛、銻、錫、水銀、石炭、硝石等の鉱物に富み、羊毛、毛皮、皮革等の畜産品又豊かにして、実に世界の宝庫と称せられ、帝国は此資源を利用して平時工業の発展を期し得べく、又生産品を彼に供給して支那の開発を援助し得べし」[58]

中国を工業動員に不可欠な資源供給地とする議論は、吉田をはじめこの時期多く見られる。そこでの特徴は、WWIで明らかになった総力戦における予想を上回った軍需品の大量消費に対する国内軍需工業動員体制確立を強調した点にある。その確立要件とされたのが原料資源の長期的安定的確保であり、その対象地域とされたのが中国であったのである。

力点の置き方こそ違え、参謀本部兵要地誌班、陸軍省兵器局関係の軍事官僚の発言は、要するに総力戦体制準備の基本的要件として資源確保に強い関心を抱いていたことを示す。そして、この資源確保の問題は、大戦の教訓と大戦直後における国内の急激な重化学工業の発展という面からも単に軍事的配慮に留まらず、財界の問題でもあった。そこから資源確保は、極めて軍事的かつ経済的課題となったのである。

次に財界、官界、学界関係者の中国資源論を見ておこう。

まず、東京帝国大学法学部教授吉野作造(よしのさくぞう)は、ジャーナリズムによって最も活発に中国問題を論じた一人である。吉野は、「日支経済単位論」のなかで、「自給自足等は愈々(いよいよ)平常準備す可き国家政策の重要事なり、(中略)若し支那を立つれば、我が経済の独立は、決して不可能ならざるなり」[59]と述べ、中国との経済ブロック形成によって自給自足経済主義の条件が成立するとした。したがって、大戦後の対中国政策は、この条件成立を最大の外交課題とすべきことを提言する。

吉野が提言した日中経済提携論は、西原亀三の次のような書翰（しょかん）においても見られる。

「貴国の興廃は実に帝国の興廃に至大（しだい）なる関係を有す。貴国が宜しく其旧態を脱し、世界の大勢に稽考（けいこう）〈よく考えること〉し、自ら進んで国運の挽回を図り、東洋に国する帝国と衷心提戮力（りくりょく）〈力を合わせること〉して以て東洋の平和を維持し、殊に其提携は四億国民と七千万国民との共存其益を実にするに存じ、即ち貴国の富源を開発して有無相通の理法を実在にし、四億国民の幸福と七千万国民の幸福を一ならしめ、永遠に洽（やわらぎ）なきを求むる。是（こ）れ日支親善主義の要諦（ようてい）なり」[60]

西原はこの他に、「時局に応ずる対支経済的施設の要綱」（一九一六年、大正五年七月）、「東洋永遠の平和政策」（大正六年一一月）、「対支政策の要締」（大正七年一月）、「時言」（大正七年二月）等の意見書を作成している。これらに共通するのは、「日中経済同盟」、「東亜経済圏形成」の構想である。

西原の説く、日中経済一体化による日中提携論の内実は、中国経済の日本への従属化を目指したものであった。それは、寺内内閣の対中国政策の象徴である「西原借款」の内容を見れば明らかである。それゆえ、方法こそ違え、中国資源確保の点で軍財間において一致点を見出すことは極めて可能であったのである。

尚、財界人でこれとほぼ同趣旨の見解を述べた記事は少なくない。たとえば、善生永助「我原料供給国としての支那」（『大日本』第五巻第八号、一九一八年八月）、尾崎敬義（中日実業会社専務取締役）「自給策と海軍問題」[61]、中島久萬吉（日本工業倶楽部専務理事）「工業独立の根本問題」[62]、荻原直蔵「鉄鋼自給問題と支那」[63]などがある。

そうしたなかにあって、財界人のなかには、威圧的な手段による中国資源の確保論に対して、慎重な態度で臨むべきだとする見解も存在した。たとえば、東京商業会議所会頭藤山雷太（大日本精糖株式会社社長）は、一九一八（大正七年）三月に開かれた当会議所の会合の席上で次のような演説を行なっている。

「謂ふ迄もなく我対外関係に於きまして実業上の最も大切なる国は、亜米利加自身に於ては勿論のこと、支那に於きましても我が仕事を致しますするには、どうしても此亜米利加の人々の十分なる了解を得なければ、支那に於て仕事は出来ないと考へて居ります」[64]

これは典型的な対英米協調派の認識を示したものであり、資本蓄積に乏しく、金融的にも英米に依存せざるを得ない日本資本主義の実情を指摘したもの。実際のところ、「西原借款」に象徴される中国への軍事力を背景にした経済介入政策は、中国への資本輸出力の面で優位にあった英米を刺激せずにはおかなかったのである。

しかしながら、寺内内閣期における対中国政策が、軍事的にも金融的にも中国資源の収奪体制を確立することが軍財一致して構想され、政策化されようとする。そのことは重化学工業化をＷＷＩ後経営の中心課題に設定する以上、原料資源の大量確保こそが、その目標達成の鍵となることを意味した。

それは西原の説く「日中経済同盟」、「東亜経済圏形成」なるスローガンをもとに政策化されていく。それによって日中経済ブロックを形成し、総力戦段階に適合する自給自足圏の構築を果そうとした。それはまた軍財双方にとって、最終的な一致を見出し得る政策目標でもあったのである。

3　官民合同問題

軍需と民需の連携

軍需工業動員体制整備に不可欠な作業として軍需品生産部門の底辺拡大がある。大戦期まで軍需工業は陸・海軍工廠を主軸とする官営工場を生産基盤としており、民間工場・企業への生産委託は極めて少量であった。その理由には、軍需産業の民間産業・技術の低位水準、兵器製造技術移転の困難性などが考えられる。

軍拡の基本となる兵器生産の国産化（＝自立化）が総力戦段階で、極めて重大な課題となっていることは、これまで述べてきたように自給自足国家がその前提となっているからであった。

しかし、大戦の教訓は、より高度な兵器・弾薬生産技術の国家的規模での発展と、それらの大量生産・大量備蓄の緊要性を迫ることになる。総力戦段階の軍需産業の質的レベル向上の要求は、民間工場・企業との軍産協同体制＝官民合同を不可避としつつあったのである。陸軍は官民合同による総力戦体制の重要性を、ＷＷＩ参加諸国の軍需工業動員の実態調査・研究から充分認識していた。

すなわち、一九一七（大正六）年三月二六日、吉田豊彦大佐（本書二一、四一、五一頁参照）は、内閣経済調査課産業第二部会特別委員会の席上、「軍事上の見地より器械工業に対する希望に就て」と題する講演のなかで次のように述べていたのである。

「我国の工業の現状を観察するに及びまして、我軍事工業と民間工業とが如何なる連繫を確保したならば、克く国防と産業との調和点、語を換へて言ひますれば、此軍事工業と民間工業との相関点を発見することが出来るか、又軍事上の要求に如何にすれば順応することが出来るかと云ふことに就きましては、官民共に全力を傾注して、周密なる研究を遂げることが最も必要なりと信ずるのであります[65]」

吉田が「軍事工業と民間工業との相関点」を求めたのは、要するに兵器の大量生産・大量備蓄を強く求められるという認識があったからに他ならない。吉田はこの一年後に、「兵器の製造の困難にして且つ平時と戦時との需要率と云ふものが、平時に於ては想像し得られぬ程夥しきものであるが故に、此に於ては兵器民営化促進を聞くに至ったのである」[66]と記す。

兵器民営化促進が総力戦段階への対応策であり、日本工業生産能力水準の向上には、平時から民間工場と官営工場との連絡、技術協力、共同開発・研究が必要であることを説いたもの。吉田と同じく陸軍省兵器局にあった陸軍砲兵少佐鈴村吉一も同様の見解に立ちつつ、次のように記す。

「工業動員の第一要義は民間工場と政府との関係を律すること即ち是なり。只製造品を注文すべきや、或は之を管理若しくは徴発して製造命令を下すべきやは問題なるも、要するに戦争の要求に基づく軍需品を最も迅速に且精良なる品を補給するの処置に到達するを本旨とするが故に、此の方針に一致するは可なりとす」[67]

つまり、広範な軍需工業動員実施には、民間工場の軍需生産能力向上が必要だとしたのである。その際には、民間工場への政府権限による生産管理・統制・徴発の体制の確立を諸前提とした。これは「軍需工業動員法」にそのまま生かされることになるもの。実際、同法制定後においても、同法の主要な課題が官民合同の実現を目標とする法律面での整備にあったことを明らかにした見解が目立つようになる。

例えば、総力戦段階について、陸軍砲兵中佐近藤兵三郎は次のように述べる。

> 「兵器の一部を平時より民営に附するが如きは最も緊要時なるが、之が為め第一に起るべき問題は、之が経営、指導に任ずる恰好（かっこう）の人物を民間に得ること至難なる一事なり。之が為には我陸海軍より兵器製造に関する智識並経験を有する主脳者を提供し、製造及設備上の方式並経理上に関する指導、誘掖（ゆうえき）〈導き助けること〉を為（な）さしむるに於ては作業経営上不安なきを得べく、同時に又平時より軍需工業動員の要求に合致せる事実的管理上の現実を見るを得べけん[68]」

近藤は兵器民営化を実行する際、懸案とされた民間工場の兵器生産技術の低位性克服のため、陸・海軍から技術者を出向させる処置を提唱。軍需工業動員実施には、軍財双方の技術協力が不可欠とする考えが明らかにされていたのである。

海軍・財界の兵器民営化論

一方、海軍でも官民合同、あるいは兵器民営化には強い関心を持っていた。例えば、海軍機関中将武田秀雄（たけだひでお）は、「官民相互に胸襟を開き相椅（よ）り相信じて、倶（とも）に国防の大義に努めざる限り、動員法例如何に完備するも、其の大目的たる妙境（みょうきょう）に達するものにあらず[69]」と述べ、官民協力体制づくりを強調する。

また、寺内内閣期の海軍軍務局長井出謙治（いでけんじ）は、雑誌『時事評論』のインタビューのなかで、「日本の今後にては、政府で軍備の充実を図ると共に民間でも此れに協力して貰ひ度きは、云ふまでもないことである」[70]と答えている。井出は同時に民間企業が軍需生産に乗り出すには資本および技術について相当の困難を伴うものであり、政府の補助金供与が肝要であるとしていた。

兵器の高度化・精密化の点で陸軍以上に官民合同・兵器民営化の作業に多くの課題を持っていた海軍にとって、民間における軍需生産能力・技術の向上は、一層重要な課題となっていたのである。

これに対し財界側から兵器民営化あるいは官民合同による軍需工業動員促進への要求も、大戦中から起こっていた。一九一五（大正四）年二月二二日、大阪工業会の臨時総会では、兵器民営化促進の要求が検討議題となっていたのである。

同会は、同年五月二〇日、兵器民営に関する請願書を作成。武器・弾薬・軍艦其他の器具一切を含む兵器生産の大部分を民間企業に委託要求する旨の決議を行なう。その理由は、兵器工業の民営化が工業振興として必要かつ有益とし、さらに、「単に工業発展の一方面たるのみならず、汎く国家の大局より観て極めて必要且有益なることを信ず。蓋し（中略）到底此等官営工場のみに依り需給を全ふする能はず」[71]とする。総力戦段階における軍需工業動員の必要性の観点をも示していたのである。

兵器民営化への期待と不安

同様の観点からする民営化論には、陰山登（工業之大日本社理事）の次のような記事がある。

「我が国は軍器に関しては秘密主義を把持し、自給自営の方針を乗り来りしを以て、民間会社が此の方面に有する生産能力は頗る微弱にして、戦時多々益々弁する需要に応ずる事不能なり。故に或範囲に於て之を開放して民営に移し、之を経営せしむる事を要す[72]」

要するに平時における民間兵器生産技術の向上と、生産体制の確立を説いたもの。官民合同論には、単に軍需生産に限らず、より広範な日本工業の相対的な発展の見地からの見解もあったのである。

ほかにも例えば、藤山雷太（東京商業会議所会頭）は、「官民合同の力を以て茲に一大製鉄所を設立し、即ち大々資本を運転して、大規模の経営の下に製鉄事業の発展を計り、以て内は軍器の独立を期」すべきだと説く[73]。ここには当該期における財界と陸・海軍との目標が一致したものであること、それは製鉄業を中心とする重化学工業の総合的発展であり、その路線上に兵器民営化が位置づけられるとしたものである。

しかし、その一方で戦時における軍需工業動員では、兵器製造工業が最も重要であるとしつつも、平時においては金属工業の発展が必要とする経済合理性に沿った見解もある。たとえば、京都帝国大学教授戸田海市は、「之に備えるには唯一概に軍備を拡張するといふばかりでなく、実際の国防の充実であるところの産業の発展を以てこれに対抗するというのが最も有効な方法ではあるまいか[74]」と述べていたのである。

民間兵器生産への関心

官民合同の一環としての兵器民営化への機運は、軍・財に留まらず、製鉄事業の拡充の計画立案者として政府委員を務めた学者達の間にも根強いものであった。例えば、東京帝国大学工科大学教授（造兵学・第一講座担当）で製鉄業調査委員会委員でもあった大河内正敏（おおこうちまさとし）は、前述の陰山や藤山ら財界人の説いた重化学工業発展の促進契機とした兵器民営化を図る考え方に対し、兵器民営化の根本要因を国防の充実に置く必要を次のように説いている。

「経済的兵器民営論は寧（むし）ろ余りに迂遠（うえん）に過ぐるものであるということを悟らねばならぬ。否（いな）兵器の民営ということは今少しく国民の生命に触れた国家其者の存亡安危に関する真（まこと）に国防上の重大問題であるということを悟らねばならぬ[75]」

兵器民営化目標とその内容は、国防の充実という国家的かつ軍事的考慮から規定されるべき性質のものであり、資本家的利益追求を第一義とするものでない、とした見解である。逓信次官内田嘉吉（うちだかきち）も、「国民の戦争であるが故に、国民は自ら進んで必要なる軍需品の製造供給に当る責任を負う可きであると言っても敢て失当（しっとう）ではないと思う[76]」と述べ、総力戦段階における国民的課題としても位置づけるべきだと説く。

「教育注文」

軍財官学にわたるこれら兵器民営化論の見解や重点の置き方の違いは、軍需工業動員法制定時にはほぼ次のような見解によって調整が試みられることになる。

すなわち、東京帝国大学工科大学教授で製鉄業調査会専門委員の斯波忠三郎（本書四五頁参照）は、民間における重化学工業の発展と、総力戦段階に適合する軍需工業体制確立という二つの課題を同時併行的に達成するため、次のことを挙げたのである。

(1)民間工業育成を図り官民分業的に兵器軍需品の製造体制を図ること、(2)有事の際における政府の管理すべき工場を予め指定し、平時において定期的に「教育注文」を行い準備すること、(3)民間工場への政府保護をなすこと、(4)度量衡や工業用素品の統一、(5)工業用原料自給体制の確保、などである。

これらの提言の根底には「一体工業力の伴はざる軍備拡張ほど危険なるものは無いと思います」[77]と記されていたように、斯波には経済合理性を踏まえた軍備充実こそ、軍需工業動員体制による兵器民営化を民間工業発展の条件だとする認識があったのである。後年いわゆる「経済的軍備論」なる用語で定着していくこの認識は、当該期財界人の大方の共通認識となり、軍部もこれに協調することで当面の課題に対処しようとする。

以上、軍需工業動員体制構築過程において、軍財間の争点となるべき自給自足問題、資源問題、官民合同問題については、当該期日本の政治経済構造に規定されつつも、いずれも軍財間において一致点を見出していく可能性が大きかったのである。軍需工業動員法制定は、その法的表現であった。

それで、次に同法の制定経緯と、同法に対する内閣および各勢力の反応を議会審議の内容を中心に追っていきたい。そこでは、軍部が実際上の主導権を握りながらも、軍財間の基本的合意の上に、同法が制定された事実が明らかになるであろう。

4　軍需工業動員法制定と軍財間の合意形成

制定経緯

第二次大隈重信内閣は、ＷＷＩ勃発直後から大蔵省を中心にして参戦諸国の政治経済体制の調査を実施。同時に大隈内閣は、参戦諸国からの軍需品の膨大な注文に充分対応しきれない状況が顕在化するにつれ、日本経済の重化学工業化促進の経済政策を打ち出す。[78]
日本経済の重化学工業化策の一環として、大隈内閣期における化学工業調査会（一九一四〈大正三〉年一一月）、経済調査会（一六年四月）、製鉄業調査会（同年五月）などの相次ぐ設置や、染料医薬品製造奨励法（一五年三月）などの制定は、その具体策である。それで、重化学工業化策の一環として、大隈首相は、一六（大正五）年四月二九日、経済調査会第一回総会で次のような訓示を行なっている。

「此欧州大乱に因て日本の受けた利益は随分大なるものである。其中最も大なるものは軍需品の注文であります。日本に製造力さえ有れば、或は容易く原料品を得る事さへ出来れば、今日の三倍でも五倍でも供給する事が出来るのであります。（中略）此の軍需品の供給は実に大なる利を得るものである[79]」

大隈首相は重化学工業化促進の理由を、大量の軍需品注文に耐え得る経済構造への質的転換に求めたのである。そのためには、「官民相俟つて戦後の日本の産業の発展、経済の発展を図りたいと希ふ次第であります[80]」と結ぶ。この大隈首相の発言は、陸軍省兵器局銃砲課長吉田豊彦（本書五六頁など参照）が同年八月二二日、経済調査会産業第二部会の席上行なった次の発言と相互に補完的な内容であり、そこから導き出される具体策は極めて共通項が多い。

「欧州戦役に於ける此実況は独り軍人のみならず、独り当局者のみならず、帝国国民全体が考究し、以て将来の戦勝を獲得するの途を講ぜざるべからざる重大事項なりとす。此等の研究に基き当局者として工業動員上平時より如何なる法律規則を定め置くべきや、如何なる官制を要すべきや、製造工業を如何なる準備を要すべきやに就(つい)ては目下切に研究しつつある」[81]

このように吉田は、WWIの総力戦様相を教訓に、将来生起することが予想された総力戦への対応策として、軍需工業動員の法制着手が考慮されていることを明らかにする。こうした状況を踏まえて、大隈内閣後成立した寺内正毅内閣期に入ると、具体的な軍需工業動員法作成が、まず陸軍から提案されてくる。

それは参謀本部「軍需品管理法案の要旨」（一九一七〈大正六〉年一二月二一日）、陸軍省「軍需品法案」（同年二月一五日）、法制局「軍需工業調査法」（同年二月一五日）、陸・海軍「軍需工業動員法案」（内閣請議案同年二月一八日）、内閣「軍需工業動員法案」（「閣議決定案」同年三月四日）である。

議会審議の内容と制定法

この「軍需工業動員法案」（閣議決定案）は、一九一七年三月七日に衆議院本会議（第四〇回通常議会）に上程。同日、衆議院議長大岡育造(おおおかいくぞう)は、「内閣決定案」を審議する審議委員三六名（委員長元田肇(もとだはじめ)）を指名。同月九日から二〇日までに合計六回にわたって委員会が開かれ、二〇日に衆議院本会議で可決された。それは、同日直ちに貴族院に送付される。

貴族院議長徳川家達(とくがわいえさと)は、同日審議委員一五名を指名（委員長寺島誠一郎(てらしませいいちろう)）。委員会は、二二日から二六日までに合計六回にわたり委員会が開かれる。二六日には貴族院本会議で可決、四月一六日、「閣議決定案」は、軍需工業動員法（法律第三八号）として制定。このように衆議院本会議に「閣議決定案」が上程されて以来、わずか二〇日間を経過したに過ぎず、重要法案としては異例のスピード審議であった。

以下、両院本会議および各審議委員会における審議内容を整理し、そこで一層浮き彫りとなった陸・海軍と、財界の意向を代表する政党との協調・妥協の実態を要約しておく。

各委員から出された法案への主要な疑問・警戒は次の諸点である。すなわち、(1)同法案制定の意義と目的、(2)同法案の平時規定が工業発展の阻害要因になり得る可能性について、(3)同法案提出時期と緊急性の意味、(4)徴発令と同法案との関係、(5)補償問題および秘密保持問題、(6)工業発展への効果の有無、(7)労働者対策、(8)陸・海軍の権限問題、(9)自給自足問題、(10)官民合同問題、(11)軍需工業動員の中央統括機関問題、などである。

三月九日、寺内首相は衆議院における法案審議委員会の席上、まず法案提出理由を次のごとく述べている。

「戦争に於て国家の最大威力を発揮することにしますのには、独り兵力丈（だけ）の準備でなく、総ての軍需の必要品に於て欠漏（けつろう）のないように、又戦争の目的を達するに於て、遺憾ない丈の準備を国家がして置くと云ふことが必要であると思ふ[82]」

つまり、明確に総力戦段階への対応策の一環として提出された法案であるとしたのである。同法制定は、「国防充実の一部」であり、「国家の将来に必要である」と結論する。[83]

進む軍財間の調整

こうした経緯を経て議会では軍財間の意見調整を目的とした小委員会において法案の修正案作成に取りかかり、最後の詰めに入る。その結果、四月二〇日に委員長元田肇は、徴発令と同法案との関係の明確化、職工の動員に関する規定を設けること、補償問題等に関する軍需評議会の権限規定および企業秘密保護の規定を設けること、などを主な修正項目としてあげて了承を得た。

議会審議中に提出された議会・政党側からの本書前ページにある疑問・警戒の類は、ほぼこの加筆修正の中で解消されたと言える。

つまり、政府と陸・海軍は、確かに戦時規定においては、工場・土地等の管理・使用・収用の権限、軍需品およびその原料の譲渡・消費・所持・移動・輸出入に関する命令権、さらには労務動員の権限を得、平時規定においては、軍需工業を中心として重化学工業一般への調査・報告命令権を得ることになっていた。議会・政党、財界関係者にとって最も関心の深かった私権保護（企業秘密の堅持、損害補償等）については、衆議院、貴族院の両方とも附帯事項を設け、これを実行する役割を軍需評議会に委ねる手続きが取られることになったのである。

したがって、議会審議は、法案の是非をめぐる根本的な対立に至ることはあり得ず、いくつかの争点をめぐる調整作業の場を軍財双方に提供した格好となる。

そして、軍財双方がここでも対立に至らなかった理由には、①同法が企業の経営内容自体に直接干渉を目的とした法律でなかったこと、②企業側にしても同法を契機に国家的保護の法的保証を受けることが、ＷＷＩ後の重化学工業促進政策のために有利であるとの判断が存在していたこと、③当該期において軍財双方に政治的経済的レベルでの対立に値するような問題が存在しなかったこと、④むしろ大戦による特需景気のなかで相互に協力関係が成立する気運にあったこと、などがあげられる。

同法が参謀本部作成の「要旨」以来、一貫して陸軍の主導のもとで制定されたことは事実であったが、そのことを積極的に批判する理由は、少なくとも当該期の財界関係者には存在しなかったのである。

寺内内閣の対応と諸勢力の反応

次に、軍需工業動員法制定前後における寺内内閣の同法への対応と、財界を中心とする諸勢力の同法への反応を概観し、同法の制定意義を見ておくことにしよう。

まず、寺内首相は一九一八（大正七）年六月五日、軍需工業動員法の施行に関する統轄機関として首相管理下の軍需局を設置（同年五月三日）。そして、同法の意義に関し、内務、陸軍、海軍、農商務、逓信の各大臣、および拓殖局長官、鉄道院総裁宛の「内閣訓令第一号」を出し、その中で次のように述べる。

「近時に於ける国際間の戦争は、豈に陸海軍人の協力活動に待つのみならず、国家の全力を之に傾注するに非ずむは、以て終局の勝利を制することを能はず。政府は深く茲に鑑みて軍需工業動員法案を第四十回帝国議会に提出し、其の協賛を経て、曩に之が統制公布を見たり。然るに工業動員の事たる其範囲極めて広汎にして、都鄙〈都会と田舎〉総ての工場及事業場に及ぼし、関係官庁甚だ多くして、之が調査計画の統一機関を特設するに非ずむは法の運用全きを期し難し。是れ今回軍需局を設置せるの所以の大綱なり」[84]

ここでも総力戦段階への対応が同法制定の主要な目的であることを繰り返し述べている。しかし、同法が日本の重化学工業発展の契機となる、といった点については、何ら言及されていない。それは、この訓示が政府関係者宛への内部文書であったこともある。しかし、それ以上に同法が軍事合理性を徹底追求した結果として生み出されたことを示す。

同法制定の推進者の一人で、陸軍省兵器局銃砲課員でもある鈴村吉一少佐（本書四一、五七頁参照）は、「内閣訓令第一号」の草案である「内閣訓令案」のなかで、陸軍の姿勢をより一層明らかにしていた。

「曩に軍需工業動員法制定せられ、今般其の施行統一の為軍需局を設置せられ軍需工業動員の目的は戦争の状況に依り陸海両軍の需要に応じ、軍需品を迅速且確実に補給する為、帝国内外の資源を調節し、適時に其の全能力を発揮せしむるに在り」[85]

鈴村の「内閣訓令案」に代表される陸軍の姿勢の背景には、⑴ＷＷＩ後の戦争様相から受けた影響と、これへの対応に危機感を抱いていたこと、⑵大戦後、国際連盟結成に代表されるごとく、国際平和への強い動きが存在する一方で、ロシア革命とそれに続くシベリア干渉戦争のような争乱、戦争の危機が継続的に存在していたこと、⑶大戦諸国が勝敗の区別なく経済的かつ軍事的に相当程度の打撃を受けた状況にあり日本の相対的な軍事力・経済力の向上を図る絶好の機会であったこと、などが考えられる。

諸勢力の反応

次に財界を中心に、諸勢力・諸分野から同法への反応を見ておく。まず、慶応大学教授女川貞三（やすかわていぞう）は、同法制定の目標が財界の共通認識を土台とした戦後経営策、重化学工業の促進、それによる日本資本主義水準の引き上げにあり、そのために国家の国民の経済活動への介入を不可避とする状況にあるとし、次のように述べたのである。

「本案が衆議院に於て可決せらるゝに際し、本会期中奉答文の議事以外未だ曾（かつ）て見ざる各派一斉の拍手を見たるが如きは、是れ明かに平時に於ても尚且つ国家が国民の経済生活に対し干渉を加ふるの必要の痛切なるを示して余りあるものと云はなければならぬ[86]」

これに続いて安川は、同法制定の意義について触れ、同法が戦争遂行のための応急的な手段であるとする。その上で、同法が経済制度の基本である自由競争の原理を打破して、国家による経済の管理・統制を強行する「新経済主義」の出現を目指す可能性を問うた後、これへの解答は、「今後に於ける国家闘争の最重なる要素をなすものである[87]」と述べる。

さらに、結論の部分では、「国家は重要なる産業の経営を従来の如く企業家の自由に放任せず、軍国の用に応ず可く適当の管理、統制を行ふの必要があるのである。所謂経済生活の軍国主義化なるものが是である[88]」と述べる。つまり、同法制定が結局自由主義競争原理を事実上否定したものであること、それが国家統制経済の導入による経済の国家管理・統制を法制的に準備したものと積極的に意義づけたのである。

これに対し、法律としての「軍需工業動員法」の不充分性を鋭く突いた論調も少なくない。例えば、京都帝国大学経済学部教授櫛田民蔵は、「軍需工業動員法に就て」のなかで軍需を言いながら、法としては一般的な保護規定と留まっているとの批判を、次のように述べている。

「国家自ら生産資本を管理し収用することを得ない故に、この点に於て国家と軍需品生産との関係は、普通の保護事業に於けると異なる所なく、之を一の軍需品工業保護奨励法と云へば兎も角、正しき意味に於て工業動員法と云ふを得ない[89]」

軍需品を平戦期ともに滞りなく生産しようとすれば、その生産手段の国家管理・収用、労働者の同盟罷工その他生産の増加を防げる行動の予防・禁止の条項を明記する必要がある。それにも拘らず、同法は戦時規定では同盟罷工に対する管理規定がなく、平時においては資本家、労働者双方に対する管理規定がないとして、同法の不充分性を指摘する。櫛田にとって、軍需品生産の国家による完全な管理統制を規定するのみでは、軍需工業動員法とは言えず、参戦諸国で施行された同法を名とする一連の法制とほど遠いものであったのである。

財界の発言のなかには、同法自体の不充分性への批判や、同法が有効に機能するには日本重化学工業水準の低位性が問題だとする、課題指摘の見解も目立つ。例えば経済雑誌『工業』は、社説「帝国主義の工業」のなかで、同法制定が「経済軍編制の第一歩[90]」とする位置づけを示し、同法が実際の経済過程において有効に機能するためには、次のような課題が存在しているとする。

つまり、⑴軍需品の原料不足、⑵度量衡制度の不統一、⑶小工場の多数、⑷工場設備の不完全、⑸優良職工の欠乏、などである。これらの諸課題を解決することで経済体制の軍事化を推進し、それによって重化学工業の発展と、日本資本主義水準の低位性克服を目指したのである。そのために、同法を直接契機とする経済への国家介入は不可避とする判断が、基本的に存在したと言える。

ほぼ同様の見解として、『日本経済雑誌』は、社説「工業動員法」のなかで次のように記している。

「今や露西亜の形勢は、彼の如く混乱を呈し、独逸東漸の勢〈ドイツの勢いが東側に広まること〉益々急なるを告げ、東亜に於ける我帝国の地位、頗る重大なるを覚えずんばあらず、此秋に当り、工業動員法の規定の不備は、決して軽々看過すべからざるあり。更に慎重審議を累ね、時艱を済ふに適当なる制度を確立せざるべからずとす[91]」

ここには同法が国際政治状況における対応策として位置づけられている。軍事力および経済力の増大を結果させる一手段としたうえで、国際政治状況への長期的対応策として一層の検討を提言している。

このように同法へは批判点や克服を留保しつつも、全体としては賛同する見解が多かったが、同法制定の非有効性や時期尚早を唱える見解も存在する。

例えば、日清紡績会社専務宮島清次郎は、「現時の状態の下に於て此法を実施し、果して所期の目的を達し得るや、我国の工業は之が動員を行ひ得る域に達し居るや否や余輩の所見を以てせば此点に就き多大の疑ひなき能はず[92]」と述べる。日本資本主義水準の低位性は、同法が重化学工業を中心とする日本工業発展の契機となるというよりも、かえって阻害要因となる可能性があると指摘する。

つまり、宮島に代表されるＷＷＩ前後における日本工業の主要勢力であった綿業ブルジョアジーは、国家による自由競争の原理制限の可能性に対し懐疑心を抱いたのである。しかし、財界の主要部分には、重化学工業化政策を国家政策レベルへと押し上げ、自らその主導性を確保したいとする欲求が強く存在した。軍需工業動員法制定は、財界層にとって、その一大契機であった。それゆえ、かくも短期間のうちに軍財間の対立を招くことなく、むしろ協調・妥協が図られたのである。

軍財の相互癒着の果てに

以上、ＷＷＩ勃発直後から陸・海軍内、および政府部内で開始された軍需工業動員構想の内容と、軍需工業動員法の制定過程を追認し、陸・海軍、財界を中心とする支配諸勢力の対応を概観してきた。

いま一度要約すると、ＷＷＩの教訓から大戦後の戦争様相が一層徹底した総力戦になると認識した陸・海軍は、総力戦準備の最大課題として軍需工業動員体制の平時準備に取り組む。一方財界は、大戦特需に充分対応出来ず、そこから日本重化学工業水準の低位性という日本資本主義が内包する諸矛盾を代位補完する一方途として、陸・海軍の主唱する軍需工業動員体制構築に協応するに至る。これをＷＷＩ後における国家政策＝戦後経営案として確定するために、軍需工業動員法の制定に原則的に同意していったのである。

ここで再度確認しておきたいことは、同法の平時規定が、「軍需工業の育成と組織に大きな役割を果たした[93]」とされるように、重化学工業化促進をＷＷＩ後の主要な経済政策としようとした財界にとって、同法による重化学工業への国家的保護・奨励は、自らの利益および当面の課題と原則的に一致するものであったことである。

これに関連して、田代正夫（現・法政大学名誉教授）は、「第一次大戦後の日本における産業循環について」のなかで、「（日本の）重化学工業にとってはこの海外からの競争に桔抗しつつ蓄積を拡大できる市場と利潤との確保が常に困難を極めた。そこでこれら生産部門は国家の保護（補助金・奨励金の交付、租税免除、関税保護など）と財政支出（主として軍事費）への依存を深めていかざるを得なかった」[94]と述べ、重化学工業が軍需工業へ接近していった理由を指摘する。

小林英夫（現・早稲田大学名誉教授）は、同法制定過程のなかでも特に議会での審議経過で表出した軍財間の対立をもって、「第一次世界大戦期、シベリア出兵を目前にひかえながらも、軍と資本家の『階級同盟』が、いかに形成されにくい条件にあったのか、の一端を物語っているといえよう」[95]と指摘。しかし、本章で繰り返し言及したように、軍財間における基本的合意の形成は明瞭であった。また、斎藤聖二（茨城キリスト教大学教授）も同法制定において、軍財双方が明確な認識のもとに「総力戦」体制構築に向け、意思一致していたとしている。[96]

これに関連して池島宏幸（現・早稲田大学名誉教授）は、「日本における企業法の形成と展開」のなかで、「軍需工業動員法制定過程は、いわば重化学工業に比重を移しての産業の再編成という一大転換のそれであって、その後の産業界・財界の利害と政府・軍部の利害の対立から両者の結合連繫の出発点となって、昭和の準備期、戦時体制へと大きく影響し規定する」[97]と述べ、昭和期における軍財の関係性を分析するうえで、同法制定過程の政治・経済史的意義の重要性を説いている。

ただ、だからといって軍財間の基本的合意を、小林が用いた「階級同盟」なる用語で両者の関係を規定するには、あまりにも不充分である。それは小林の言う「階級」なる概念がきわめて漠然としたものであること、「同盟」の用語で両者間の関係を表現するほどには強固なものでなく、敢えて言えば〝協調関係〟に近いものであったことである。

つまり、それは同盟関係よりも相互関係が相互規定的でなく、一面柔軟で相互に主体性を容認出来る関係である。したがって、相互に政治的経済的、さらには人的な条件によって協調度を変化させていく幅のある関係と言えよう。

このような軍財間の協調関係が、WWIを契機に成立したとする政治史的意義は、ここで合意された内容が、その後徐々に構築されていった総力戦体制の基本的枠組を形成するものであったことである。第二章以下でも触れていくが、「軍財抱合」、「高度国防国家体制」、「国家総動員体制」をめぐる軍財間の協調・連携関係は、本章で見てきた軍需工業動員法の制定過程において、その原型を見出すことも可能なのである。

そして、同法制定をめぐって予想された軍財間の対立と矛盾は、少なくとも当該期において両者の政策目標の同一性ゆえに、妥協・調整が行なわれる。換言すれば、同法制定を契機に陸・海軍、財界（資本家・経営者集団）、官僚、政党が相互協力の関係に入っていったのである。

もっとも、ここでいう相互協力関係がストレートに進行したわけではない。総力戦対応を口実とする軍拡志向が高まるなかで、これを抑制する動きがWWI後における反戦平和運動やデモクラシーの潮流が軍縮を求める世論の動きとなって活発となってくるのである。
これを軍縮要求運動の高揚と捉えるのも可能だが、その実体は額面通りの軍縮推進とは言い切れない内実が透けて見えてくる。そのことを次の章で追ってみたい。

1　総力戦の問題について、纐纈は『総力戦体制研究　日本陸軍の国家総動員構想』（三一書房、一九八一年）を出版している。同書は二〇一〇年に社会評論社から復刻版を、さらに二〇一八年に同社から再復刻版を出版している。
2　臨時軍事調査委員会については、纐纈「臨時軍事調査委員会の業務内容」（『政治経済史学』第一七四号、一九八〇年二月）を参照されたい。
3　「臨時軍事調査委員業務担任区分表」（陸軍省『欧受大日記』〔防衛省防衛研究所蔵〕大正五年五月）。
4　参謀本部『全国動員計画必要ノ議』〔防衛省防衛研究所蔵〕。同書は、前掲拙著『総力戦体制研究』の「附録資料」（二〇五頁）に収載している。
5　同右。
6　『偕行社記事』第五一三号付録〔陸軍省〕臨時軍事調査委員会編『欧州交戦諸国の陸軍に就て』、一九一七年一月、八一頁。

7　吉田豊彦「日本の工業家に希望す」（『欧州戦争実記』博文館、第九九号、一九一七年五月一五日、六五頁）。

8　上村良助「欧州戦争と工業動員」（同右、第七五号、一九一六年九月二五日、五九頁）。

9　菊池慎之助「動員に就て」（『偕行社記事』第五二二号、一九一七年三月、七～八頁）。

10　臨時軍事調査委員会編『臨時軍事調査委員会　第二年報』（防衛省防衛研究所蔵）大正七年一月二〇日、二六七頁。

11　「臨時軍事調査委員　第一回会同の席上に於ける陸軍大臣の訓示案」（陸軍省『欧受大日記』大正七年九月）。

12　「英国軍需省内に設置せられたる軍需会議に関する覚書等の大勢に鑑み、国民生活の安定を期し得べき経済産業に対する付の件」同右、大正七年六月。

13　海軍省『公文備考』（防衛省防衛研究所蔵、以下略）大正四年巻一。

14　同右、大正六年、官職三巻三。

15　同右、大正六年、官職三巻四。

16　「兵資調査会委員長口述覚書」同右、大正六年巻三。

17　同右「統一的工業に関し農商務省商工局長提案に対する回答」。

18　同右、大正六年、官職三巻三。

19　同右「英国軍需工業動員及工場管理概況　(1)国防法要点」。

20 同右、大正六年、官職四巻四。
21 同右、大正七年巻三。
22 『西原亀三文書』〔国立国会図書館憲政資料室蔵〕第三三冊、一五一〜一五二頁。
23 同右、一五三頁。
24 同右、一五六頁。
25 同右、一五九頁。
26 同右、三七一頁。
27 本多精一「軍器軍需品の製造と其奨励策」（慶応義塾大学財政金融研究会編『財政経済時報』財政経済時報社、第一三巻第七号、一九一六年七月、四頁）。
28 同右。
29 達堂「軍需工業の将来」（『工業雑誌』工業雑誌社、第四八巻第六二五号、一九一八年四月五日、三五三頁）。
30 達堂「工業動員の方法と影響」（同右、第四八巻第六二六号、一九一八年四月二〇日、四〇九頁）。
31 同右。
32 同右、四一一頁。
33 同右。
34 「大正六年一一月一九日　産業第二号特別委員に於ける仲小路農商務大臣の演説」（通商産業省編『商工政策史』商工政策史刊行会、第四巻、一九一七年九月、一五〇頁）。

35 鈴村吉一「工業動員」(偕行社編刊『偕行社記事』第五二四号付録、一九一八年三月、四二頁)。
36 吉田豊彦「工業動員と物資との関係」(『偕行社記事』第五四一号付録、一九一九年九月、一頁)。
37 佐伯敬一郎「工業独立論」(『工業之大日本』第一五巻第一号、一九一八年一月一日、一〇頁)
38 海軍省『公文備考』大正六年、官職三巻三。
39 善生永助「自給経済と工業独立」(『工業雑誌』第四八巻第六一九号、一九一八年一月五日、五五頁)。
40 同右、五六頁。
41 仲小路廉「戦時中迎へらる新年の感慨」(『東京商業会議所月報』第一一巻第一号、一九一八年一月二五日、一頁)。
42 堀江帰一「軍国主義の経済政策」(『太陽』第二四巻第五号、一九一八年四月、三五頁)。
43 『東京経済雑誌』第七六巻第一九二五号・一九一七年九月、六五〇頁)。なお、同誌は日本経済評論社から『復刻　東京経済雑誌』と題して出版されている。
44 斯波忠三郎「工業の独立と工業教育」(『工業雑誌』第四八巻第六二二号、一九一八年二月二〇日、一九四頁)。
45 鈴木隆史「戦時下の植民地」(『岩波講座　日本歴史　近代8』岩波書店、一九七七年、二二一頁)。
46 「総力戦体制と植民地支配」(『日本史研究』第一一一号、一九七〇年四月号、九一頁)。
47 「支那物資調査に関する件」(陸軍省『密大日記』〔防衛省防衛研究所蔵〕大正四年、四冊の内二)。
48 同右「支那物資調査に関する件照会」。

49　同右「支那物資調査継続に関する意見」。
50　同右。
51　同右。
52　宇垣一成「対支政策に関する私見」（『宇垣一成文書』〈国立国会図書館憲政資料室蔵〉第六冊）。
53　小磯国昭自叙伝刊行会編刊『葛山鴻爪』一九六三年、三一六頁。
54　参謀本部『帝国国防資源』〈防衛省防衛研究所蔵〉五頁。
55　同右、九頁。
56　同右、一一頁。
57　陸軍省『密大日記』大正六年、四冊の内二。
58　古田豊彦「工業動員と物資との関係」（『偕行社記事』第五四一号、一九一九年九月、一頁）。
59　『時事評論』第一三巻第一号、一九一八年一月一日、四七頁。
60　「大正七年三月二三日付寺内、勝田宛西原書翰」（『西原亀三文書』第三一冊、三一四〜三一五頁）。
61　『中外新論』第二巻第一号、一九一八年一月。
62　『実業公論』第四巻第一号、一九一八年一月。
63　『大阪経済雑誌』第二六巻第五号、一九一八年八月。
64　『東京商工会議所月報』一九一八年三月号、一頁。
65　『各種調査委員会文書〈講演綴〉』〈国立公文書館蔵〉第三六巻、五頁。
66　吉田豊彦「日本の工業家に希」（『欧州戦争実記』第九九号、一九一七年五月二五日、六七頁）。

67　鈴村吉一「工業動員」(『偕行社記事』第五二四号附録、一九八一年三月、一八頁)。
68　近藤兵三郎「工業動員平時準備の見地よりする官民の協同に就て」(同右、第五三七号附録、一九一九年五月、六頁)。
69　武田秀雄「軍需動員に関する所感」(『大日本』第五巻第一一号、一九一八年一一月、二三頁)。
70　井出謙吉「兵器と民間企業」(『時事評論』第一三巻第一号、一九一八年一月一日、九頁)。
71　社団法人大阪工業会編『大阪工業会六十年史』一九七四年、二〇頁。
72　陰山登「軍需工業動員法案」(『工業と大日本』第一五巻第四号、一九一八年四月一日、二頁)。
73　「兵器民営助長論」(『時事新報』第一一六二九号、一九一六年一月四日号)。
74　戸田海市「軍隊・財政・工業の大動員」(『東京朝日新聞』第一四〇八四号、一九一六年一月一七日付)。
75　大河内正敏「兵器民営助長論」(『時事新報』第一一六二九号、一九一六年一月四日付)。
76　内田嘉吉「軍需工業動員法に就いて」(『実業之世界』第一五巻第七号、一九一八年四月一日、一二頁)。
77　斯波忠三郎「工業動員に対する準備」(『工業雑誌』第四九巻第六三五号、一九一八年九月五日、二二九頁)。
78　「欧州列国の財政経済及社会上の現状調査に関する件」(『公文雑纂』〔国立公文書館〕大正五年、帝国議会二巻二四、参照)。
79　通商産業省編『商工政策史』商工政策史刊行会、第四巻、一九六一年、一四一頁。

80　同右、一四四頁。
81　同前。
82　『帝国議会衆議院委員会録　第四〇回議会〔四〕大正六・七年』〔国立国会図書館蔵〕東京大学出版会、一九八三年、三三六頁。
83　同右。
84　「内閣訓令第一号」（『公文類聚』〔国立公文書館蔵〕第四二編、大正七年、巻二）。
85　同右。
86　安川貞三「経済時事評論」（『三田学会雑誌』第一二巻第四号、一九一八年四月、一二四頁）。
87　同右、一二〇頁。
88　同右。
89　京都大学経済学会『経済論叢』第七巻第一号、一九一八年七月、三一頁。
90　『工業』第一〇巻第一一号、一九一八年六月一五日、一頁。
91　『日本経済雑誌』第二三巻第二号、一九一八年五月、二三頁。
92　宮島清次郎「工業動員法の価値如何」（『商と工』第六巻第三号、一九一八年三月、三八貝）。
93　本間重紀「戦時経済法の研究（一）国家的独占と経済法」（『社会科学研究』第二五巻第六号、一九七四年三月、三五頁）。
94　東京大学経済学部『経済学論集』第二六巻第一・二合併号、一九五九年二月、一六三～一六四頁。
95　小林英夫「総力戦体制と植民地」（『体系日本現代史』第二巻、一九七九年、五五頁）。

96　斎藤聖二「海軍における第一次大戦研究とその波動」（『歴史学研究』第五八〇号、一九八四年七月、三一頁）。

97　高柳信一・藤田勇編『資本主義法の形成と展開3』東京大学出版会、一九七三年、二一八頁。

第二章

〝軍縮〟で軍近代化を目指す

――第一次世界大戦以後の軍縮と軍拡をめぐる抗争――

はじめに

前の章で追ってみたように、戦争形態に大きな転換を迫った第一次世界大戦（以下、ＷＷＩと略す）の終了後、日本国内では軍部を中心に次の戦争がＷＷＩ以上の総力戦となることは必至と見なし、総力戦に対応可能な軍備充実が叫ばれることになる。そこから従来の武器や弾薬など直接軍備にかかわる部分の拡大を求める軍拡論とは、異質の軍拡論が跋扈（ばっこ）することになったのである。

ただ問題は、国家の力を総結集するという総力戦対応となれば、その主導者は国家の一機関である軍部ではなく、政府であるとする考えも打ち出され、そこに総力戦準備をめぐる主導権争いも起きて行く。

ところが、ＷＷＩにおける甚大な人的物的被害の深刻さから、世界の潮流として平和主義やデモクラシーの運動が起きる。日本もその例外ではなく、平和主義の実現に軍備は不要との世論が沸騰する。この流れに乗って軍縮を求める世論が、陸・海軍部を中心とする軍拡の勢いにブレーキをかける。

デモクラシーが軍拡の勢いを止め、軍備撤廃運動をも射程に据えた運動として発展する可能性を読み取った陸・海軍部は、機先を制して軍備の量的削減を断行してみせる。それが、山梨・宇垣軍縮である。しかし、その実体は削減経費を軍近代化に充当する、事実上の軍拡にほかならなかった。そこで一貫して主張されたのは、総力戦対応の必要性である。それは軍縮を求める議会勢力にも浸透していき、軍縮の勢いを鈍らせていく。

そうした歴史事実を本章で追うが、その軸となるのは、対立・抗争の用語よりも、実際には妥協・和解という用語の方が適当かも知れない。ただ現象形態としては「抗争」であったことは確かである。その「抗争」を通して軍拡勢力は、時代の流れに逆らうのではなく、むしろそれに便乗することで、最終的には軍拡の果実を手に入れていったと言える。以下、その歴史過程を追うことにしたい。

1　総力戦論の登場と軍拡政策

軍拡を迫る総力戦論

一九一四（大正三）年に始まったＷＷＩに、日本は連合国の一員として参戦。ＷＷＩは、帝国日本を国際社会での地位向上に資する絶好の機会と受け止められた。そのなかでも大きかったのは、近代日本国家の外交軍事上、関心の対象で在り続けた中華民国（以下、中国）の領土に利権を拡張することになったことだった。特にイギリスやフランス、さらにアメリカが欧州戦場において対ドイツ戦に奔走している間に、日本は中国での覇権拡大に注力する。

大隈重信（おおくましげのぶ）内閣は、一九一五年一月一八日、「対華二十一ヵ条」に対する中国での反日民族運動の激化、連合国の一員としての対ドイツ戦争、これに付随した南洋諸島のドイツ領ビスマルク諸島の占領、中国での覇権をめぐるアメリカ、イギリスなど欧米諸国との対立、といった日本を取り巻く国際情勢の新たな展開に対抗するため、大戦期間中から軍拡の準備に着手する。

具体的には、一九一七（大正六）年三月、陸・海軍は国防方針の改訂作業を開始。それぞれの「国防整備案」を起草して、軍備拡充構想を打ち出す。「国防整備案」は翌年の一八年五月に陸海軍の協議によって一体化した成案に調整され、同年六月一二日に上奏、同月二九日に裁可となり、新国防方針として策定される。それによると、仮想敵国が従来のロシア、アメリカ、ドイツ、フランスの順から、陸軍はロシア、アメリカ、中国の順へ、海軍はアメリカを第一の仮想敵国とする。

一方、海軍は八隻の戦艦隊二と、八隻の巡洋戦隊一から編成される合計二四の主力艦隊案、いわゆる「八八八艦隊」案の実現を図る。まさに、WWIへの参入と戦後の新たな秩序の登場に、従来型の軍拡によって対応しようとしたのである。

但し、こうした一連の軍拡政策は、ハードとしての軍拡だけが叫ばれたのではない。WWIが徹底した総力戦として戦われたことから、軍拡を容認する世論の形成や、平時の国民戦争動員体制の充実が、重大な関心事となっていた。

例えば、元老山県有朋（やまがたありとも）は、WWI中の一九一七年一〇月一五日付の山口県知事林市蔵（はやしいちぞう）宛書簡において、将来戦に備えるためには「国民を挙げ、国力を尽くし、所謂（いわゆる）上下一統、挙国一致の力に依らざるべからず」[1]と記す。将来戦がより徹底した総力戦となることは必至である、と注意を喚起した内容である。

政党人のなかにも、同様の認識を披瀝する者も少なくなかった。その筆頭は、当時立憲国民党総裁の犬養毅（後首相）である。犬養曰く、「全国の男子は皆兵なり。全国の工業は皆軍器軍需の工場なり」[2]と、「国民皆兵主義」の徹底と工業動員の必要性を強調してみせる。国民総動員と軍拡をワンセットにした内容である。

その犬養は後年、第四五回帝国議会で、一転して軍縮論を説くことになる。それは総力戦段階に相応しい経済的合理性を備えた軍事費の効率的な使用を説いたものであった。要は軍拡を大前提とするも、日本経済の足を引っ張るような軍拡は避け、経済の発展に応じた経済的軍拡論を展開したのである。これは表向き「軍縮」の装いを凝らした巧妙な語り口である。

ただ、ここで言い得るのは、大戦後における軍拡論が一方的に主張されただけなく、まさしく犬養の語り口に象徴されるように、来るべき総力戦の時代に相応しい軍備の在り方への問題意識が鮮明となっていたことである。いわゆる総力戦認識は、軍人のなかにも明らかにされてくる。その代表格が軍人政治家として首相まで昇りつめた陸軍大将の田中義一であり、その後継者で後に陸軍大臣時代に宇垣軍縮を断行した宇垣一成である。

宇垣は自らの日記に、「未来の戦争は軍の交戦、軍の操縦術に止まらずして、国家を組成する全エネルギーの大衝突、全エネルギーの展開運用によりて勝敗が決せらる。故に統帥の神髄は平時より之れと相識り相和し相結び戦時に至り再迅速に其全能力を展開発揮せしむるに在り」[3]と記す。

宇垣は平時からの戦争準備のために、何が必要なのかを説いていたが、それは国家の総力を戦争に傾注可能な体制を築きあげておくべきだとする。要するに、平時の戦時化と言っても良い。それが総力戦体制の構築というスローガンになって、とりわけ戦争指導層に拡散していく。

こうした政党人や軍人を違わず、総力戦論の拡散は、必然的に軍拡の論理づけとして多用されることになる。もちろん、総力戦はただ軍拡だけを主張したものではなく、軍拡を支える国内の経済基盤の整備や世論の同調をも求めていく。

内閣主導か、軍主導か

時間軸が少し前後するが、一九一八（大正七）年九月、寺内正毅内閣に代わって登場した原敬内閣は、四大政綱の一つに「国防の充実」を掲げ、大戦景気を背景に軍備拡充に意欲を見せる。それは第四二回帝国議会において、陸軍の四億八二八二万円、海軍の九億一四四五万円という追加継続費を認めたことからも明らかであった。

因みに、一九一八年度の直接軍事費は、五億八〇〇七万円で歳出総額の五八％を占めた。以下、一九年度が八億五六三〇万円（同六五％）、二〇年度が九億三一六四万円（四六・八％）、二一年度が八億三七九二万円（四一・九％）、二二年度が六億九〇三〇万円（四五・五％）である。[4]

このような機運の中で、海軍が大戦後におけるアメリカの海軍力増強への対応という意味から、その軍備拡充に国民から比較的好意的に受け取られていた反面、ロシア帝政の崩壊で事実上、陸軍第一の仮想敵国が弱体化している現状は、陸軍の軍備拡充の理由を説得力のないものにしていた。

そこで陸軍はその理由を、ＷＷＩの経験から軍近代化の必要性、欧米諸国の陸軍が大戦で採用した軍編成上における三単位制や軍団制の導入に代表される軍制改革の断行といった点に求めようとする。陸軍は陸軍大臣田中義一を中心にして標準兵力二五個軍団の編成を達成するため、総経費二〇億円を投入し、これを二五ヵ年の継続事業とすることを骨子とした陸軍拡充案を主張。

つまり、軍制改革を標榜することで、軍拡への同意を得つつ、そのうえで大軍拡構想を打ち出す。原内閣は確かに「国防の充実」を掲げはしたが、それはあくまで内閣の統制下での「国防の充実」という名の軍拡であって、陸軍の独自の軍拡に直ちに同調するものではなかった。言うならば、原内閣は経済の発展に齟齬（そご）を来さない、との意味で「合理的軍拡」を目指していたのである。

陸軍拡充案に対して、原首相は田中義一を閣内に取り込む。それで対米協調路線の促進、軍部の政治介入抑制、政党政治の強化などの政策を実現するため、軍備拡充の面でも内閣がその主導権を握り、できる限り軍部の要求を抑え込もうとした。それで原首相は、軍部の特権制度の改革に意欲を見せる。この特権制度を突き崩さない限り、原首相の構想する内閣主導型の軍拡は困難だと判断していたのである。

具体例としては、植民地総督の武官専任制から文武官併用制への改訂、原首相の臨時海軍大臣事務管理就任の実現は、その成果である。また実現こそしなかったものの、原首相や原を次いで首相となる高橋是清（たかはしこれきよ）らが打ち出した参謀本部廃止論は、軍にとっては衝撃を伴う軍制改革の一弾であった。

しかし、これら一部実現したものはあっても、全体的に見れば不徹底な改革に留まる。ただ、ここでは陸軍の軍備拡充が経済的な合理性を十分に踏まえたものであるかどうかの点で、軍部と政党との間の対立が生起したに過ぎず、その意味で政党からする軍制改革の要求は、最初から限界を含むものであった。その政党がそれ以上の非妥協的な軍制改革要求、軍部批判を展開していくためには、大正デモクラシー運動に支えられた軍備縮小の世論の形成を待たなければならなかったのである。

軍縮論から軍部批判へ

一方で、一九二〇年代に入ると、ジャーナリズムや世論から軍部批判の声が挙がってくる。軍部批判の展開は、大戦中から台頭してきた吉野作造（本書五二頁参照）らに代表される大正デモクラシー運動を背景としたもの。吉野は当時の自由ジャーナリズムの代表的な総合雑誌とされた『中央公論』誌上において、いくつかの軍部改革論、軍備拡充反対論を中心とする論文を発表する。吉野を代表とする軍部批判は、特に二二年に最も盛んとなっていく。

言うまでもなくこの背景には、一九二一年一一月一一日から翌年の二二年二月六日までアメリカのワシントンで開催されたワシントン海軍軍縮会議の開催と条約締結に関係する。アメリカ、イギリス、日本、フランス、イタリアの主力艦・航空母艦等の保有に制限がかけられたのである。これは無制限の海軍軍拡が深刻な経済負担となっている点で、各国とも共通の課題として受け止められていた。そして、何よりもＷＷＩ後に醸成されてきた軍拡を緩和し、可能な限り軍縮の方向に舵を切ろうとする国際世論が全面化してきたことを背景とする。

この年の『中央公論』三月号は、「陸軍軍備縮小論」と題する特集を組み、それには水野広徳の「陸軍軍備縮小の可否とその難関」と、三宅雪嶺の「陸軍の縮小と軍事思想の改善」を掲載する。

このうち、水野はここ一年間で陸軍軍縮論が急速に高まり、各党派が提携して帝国議会に陸軍縮小案を次々に提出するに至った状況について、それが各党派の党略に基づいた点が多いと指摘。さらに、「批判的民論趨勢に敏感なる政党をして斯かる党略に出でしむるに足りたる一事に徴する〈求める〉も、少なくも世論の趨向を察知することができる」[5]と分析。政党の軍部批判がある程度民意を反映したものであるとしていたのである。

さらに水野は、陸軍軍備縮小論の根拠が、陸軍第一の仮想敵国であるロシア帝政の崩壊によって、日本軍の相対的軍事力軽減の余地が生じてきたこと、平時兵力の縮小による国家経済の再編、という二つに要約できると。しかも、これらの議論は、結局のところ国民生活の安定、民力の涵養、産業の振興、準軍事的問題としては兵器の改善、軍人の優遇、軍隊の再編による能率の向上に帰結するとも。

仮想敵国の崩壊という点に関しては、軍装備の面でロシア、中国に対して積極政策を採用しないとなるので、国内および朝鮮・台湾の治安維持に必要な兵力の保持だけで十分とする議論が中心となる。したがって、常備兵力は内外情勢に応じて可能な限り少数精鋭化をめざし、その代わりに一旦戦時に至った場合には、短期間で大量の兵力を動員可能な体制を整備することが必要であると、水野は主張する。

併せて水野は、いずれにせよ、軍事力の規模を規定するのは、国策の確定を前提とすべきであり、それがない場合、軍事力は無限に自己増殖していく性質をもつものであることも説く。また、軍縮論のうち、軍制改革に関するものに、兵役年限の問題がある。それは兵役年限を短縮して、軍事教育の能力向上を図れとするものであった。そして最後に、軍部が特権制度を楯にとって、軍制改革の要求に耳を貸そうとしない現状を、次のように鋭く批判している。正面からする軍部批判の論である。

「今日軍閥の跋扈（ばっこ）は其の罪素（もと）より軍閥にあるも、一は又憲法上不合理にして管制上不可解なる制度の存在を認容する国民も其の責ありと云ふべきである。此の制度にして先づ改善せらるるにあらざれば、国民が如何に声を嗄（から）して陸軍の縮小を絶叫するも、彼ら軍閥は帷幄（いあく）〈帷幄とは帳（とばり）をめぐらせた場所、つまり天皇のこと〉上奏権の堅砦（けんさい）に立て籠もり、大臣補佐の官制を武器とし、国民の要望に応ぜぬであろう。之を以て我国策の確立を要し次の縮小の必要ありとせば、軍閥の武器たる官制を改革し、軍閥の城砦たる帷幄上奏を廃止することが必要である[6]」

さらに『中央公論』の一九二二年一二月号は、「全然失敗に畢（おわ）りたる西伯利亜（シベリア）出兵の全部撤退を機として軍閥を葬るの辞」と題する特集を組み、軍閥に打撃を与えるために軍備縮小の世論形成と、それを実施するための具体的活動の開始、陸海軍大臣文官制の導入、軍部の政治介入反対、帷幄上奏権など軍の特権制度廃止が必要であるとする内容の論文をいくつか掲載する。

そのラインナップを列記すれば、「西比利亜の軍閥劇」（水野広徳）、「シベリア撤兵と軍閥の専恣〈わがまま〉」（堀江帰一）、「言論上の抵抗主義と実行上の抵抗主義」（林癸未夫）、「軍閥を葬らざれば軍界の粛清期し難し」（吉野作造）、「箔の剥げた参謀本部」（三宅雪嶺）、「軍閥の問題」（杉森孝次郎）である。何れもかなり過激なタイトルを堂々と付け、徹底した軍部批判を正面切って行なっている。

ここで俎上に挙げられたのは、軍閥に打撃を与えるために軍備縮小の世論形成の必要性と、その成果を得るための具体的行動開始の呼びかけである。それで内閣を瓦解に追い込むために政治利用されてきた軍部大臣現役武官制を廃止し、代わって軍部大臣文官制の導入、寺内正毅の超然内閣による事実上の政治支配および政治介入の阻止、参謀本部と海軍軍令部が保有する軍部と天皇を直結する帷幄上奏権の廃止などが議論の対象とされた。

これらの課題は、軍部の政治機能をほぼ完全に削ぐ目的で論じられており、軍部改革から軍部解体をも展望する内容である。こうした自由主義的ジャーナリズムの動向と併行して、各政党間においても軍部改革論が打ち出されてくる。

噴出する軍部改革論

政党のうち軍部改革論の先陣を切ったのは国民党（当時の総裁は犬養毅）である。これは政友会（当時の総裁は原敬）との対抗上からも最も積極的であった。

国民党はまず一九一九（大正八）年三月二五日、第四一回帝国議会（一八年一二月～一九年三月）へ、「陸海軍大臣及台湾・朝鮮総督並関東都督任用資格に関する質問主意書」を提出。軍部大臣と植民地長官の武官専任制を改め、文官制の導入を主張する。もっとも、国民党のこの主張は、第一四回総選挙（二〇年五月一〇日実施）で政友会が大勝したことから立ち消えとなってしまう。

翌二一（大正一〇）年一月二〇日の国民党大会で総裁犬養毅は、軍部改革論と併行して、産業立国主義に代表される新たな軍備改革論を発表する。それは、経済・軍事・国際経済を柱とし、これらが相互に補完し合い、調和のとれた国家政策の採用を主張したものであった。

すなわち、(1)経済には財政整理と軍縮を実施して産業の生産性を向上させ、国際市場において充分対抗可能な経済力を身に着けること、(2)国際関係においては世界に向かって産業第一主義を貫くことで、(3)日本の平和主義国家としての立場を確かにすること、といった内容である。要するに、一種の軍縮論である。

犬養が提唱した、このいわゆる産業立国論は、経済的合理性を踏まえたうえで総力戦段階における効率性の高い軍事力の保持と、工業能力の強化向上とを目指したものであった。これは前章で見た軍財協調の総力戦思想を引き継ぐ位置にあるとも言える。それだけに、政財界や総力戦段階に適合する軍事力の創出への動きを強めていた軍部内革新派とも、ほぼ一致できる内容であった。

こうした軍縮要求を中心とする軍部批判の世論を背景にして、無所属の帝国議会議員であった尾崎（おざき）行雄（ゆきお）は、一九二一（大正一〇）年二月八日、第四四回帝国議会（二〇年一二月二七日～二一年三月二六日）に「軍備制限決議案」を提出。これを契機に議会内でも活発な軍縮論議が始まる。

尾崎の軍縮論の内容は、一九二一年度の陸海軍費が同年度の租税収入より一〇〇〇万円も上回っていた現状から、取り敢えず陸軍費を削減整理して国家財政の健全化を図ること。そして、削減経費を教育事業費などに充当することで、全体的に見れば国家の富と力となるような政策を採用すべきである、としたものである。

尾崎は併せて兵役年限の短縮も実施すべきだとする。これも短縮によって生産事業などへ労働力を回すことで、生産力の向上を図るのが目的となっていた。特にこの生産力の向上について、日本が欧米諸国と経済力の点で遅れを取っている根本的原因を、軍備偏重による軍事費負担が大き過ぎることを挙げる。それが生産力だけでなく、国家の知識や道徳などの発展をも阻害する重大な要因となっていると。[7]

このように尾崎の軍縮論は、特に具体的な実践方法を提起したものではなかった。しかし、そこには国力が単に軍事力だけによるものではなく、軍事力をも含めた国家全体の総力の和にあるとした点で、その主張のなかに総力戦的発想が色濃く浸透していたことが窺い知れる。これをあえて「総力戦対応型軍縮論」と呼ぶこともできよう。

穏健派の部類に属する軍人をも含め、議会人やジャーナリスト、それに吉野作造に代表されるリベラルな学者たちの多くが、この種の軍縮論である。そこには国力の底上げなくして、総力戦の時代は生き抜けないという時代認識が明確に存在していたのである。

政党人の軍部批判

一方、これまで軍部批判に比較的消極的であった憲政会と政友会は、第四五回帝国議会（一九二一年一二月二六日〜二二年三月二三日）において軍部批判に踏み切る。そのため第四五回帝国議会は、恰も〝軍部批判議会〟の様相を呈する。ここにおいて諸政党から軍制改革案が相次いで提出されてくる。その最初は、二二（大正一一）年一月二八日、尾崎行雄と島田三郎が連署して衆議院に提出した「陸海軍軍備及特例に関する質問主意書」である。それは軍部大臣文官制の導入、軍部大臣の帷幄上奏権の廃止などを内容とするものであった。

次いで、二月一日には、憲政会の野村嘉六が軍部大臣現役武官制と帷幄上奏権の廃止要求を骨子とする質問主意書を、さらに同月七日には政友会が「陸軍軍縮案」を提出し、同時に政友会幹部の大岡育造が軍部の特権制度批判を行なう。また、三月六日には国民党の西村丹治郎と植原悦二郎が、「陸海軍大臣任用の官制改正に関する建議案」を提出。これは閉会前日の三月二五日の本会議で可決され、各政党は軍部大臣文官制の導入の点で完全に一致する。

先の建議案提出者のひとりであった植原悦二郎は、建議案提出理由のなかで、軍備縮小要求と軍部大臣現役武官制の関係について触れ、「此官制を改めて掛らなければ、徹底的に我国の国力と、我が国民全体の要望するが如き海陸軍整理も不可能」[8]と述べる。総力戦段階に適合する軍事力創出のためにも、単に軍事領域を専門とする軍人が軍部大臣となるのではなく、広い知識と視野を持つ人物をこれに充てるべきだと主張。

この軍部大臣の任用資格拡大の主張は、政党政治強化の阻害要因とされていた軍部大臣現役武官制を打破し、政党が軍事を統制できる制度を確立するとの、政党の従来からの方針を実現しようとするものであった。

一連の経過の後、ワシントン海軍軍縮条約が調印された翌日の一九二二（大正一一）年二月七日、政友会が「陸軍の整理縮小に関する建議案」を、国民党が「軍備縮小に関する決議案」をそれぞれ衆議院に提出。これらの軍縮要求には、総力戦段階に適合する軍事力の創出を、まず現有の軍事力を再検討あるいは削減することによって、経済との調整を行ないつつ、目指すという考えが盛り込まれていた。

提案者のひとりであった大岡育造は、将来戦が一層高度な総力戦の形態をとることは必至としたうえで、近代兵器の開発装備と総力戦を遂行・指導できる有能な軍幹部の養成を目的とし、同時に国民に対しては軍事思想の普及を目的とする軍事教育の導入を図るべきだと説く。犬養毅も持論の産業立国の立場から具体的施策として、兵役一年制、陸軍学校関係の削減、常備師団の一〇個師団削減、軍人恩給増額、兵器の改良充実、学校・青年団への武器貸与と精神教育の充実を挙げている。[9]

なお、政友会、国民党提出の両案は、「政府は陸軍歩兵の在営年限を一年四箇月に短縮し且各種機関の整理統一を実行し以て経費四千万円を減少せらるることを望む」[10]ことを骨子として、「陸軍軍備縮小建議案」に一本化される。[11]これは両党の共同提出という体裁をとって議会で審議に付され、同年三月二五日の衆議院本会議で可決された。

2　高揚する軍縮世論

軍縮要求の背景

尾崎行雄の「軍備制限決議案」が衆議院に提出されたことを契機に本格化した軍縮要求。それは、国内では一九二〇（大正九年）三月頃から現れた戦後恐慌による財政危機と、国際社会においては翌年の二一年七月のアメリカ大統領ハーディングの提唱によるワシントン海軍軍縮会議開催に象徴される国際的な軍縮機運の高まりを背景とする。

ではあったが、先陣を切って同年二月八日に提出された尾崎の「軍備制限決議案」自体は、同月一〇日の衆議院本会議で賛成する者三八票、反対する者二八五票の大差で否決されてしまう。その後尾崎は軍縮要求の賛否を広く国民に問うため、全国遊説を果敢に行なった。その結果、国民の多くが軍縮要求に賛成であるとの認識を得たと言う。

このうち大学関係では東京帝国大学で投票総数二六八名のうち、軍縮に賛成する者二四一名、反対する者二七名、同様に慶応義塾大学では投票総数二一六名のうち賛成者一九七名、反対者が一九名、明治大学が投票総数六三二名のうち賛成者五六五名、反対者六七名、早稲田大学が投票総数四八四名のうち賛成者四六〇名、反対者が二四名で、軍縮賛成者が圧倒的であった。

尾崎は大学外でもアンケート調査を実施しており、実業家クラブの交詢社と青年会館での実施の結果、合計投票者総数四一三名のうち、賛成者三八九名、反対者二四名。また、地方講演会では東京・京都・神戸・名古屋・岐阜・下関・岡山・豊橋・大津での合計投票者数五二七六名のうち、賛成者四九八三名、反対者二三〇名、中立者二八名、不明三五名と言う具合。[12]ここで示された数字は、当時の国民が強く軍縮を求めていたことを明らかにしていたと言える。

尾崎の軍縮要求運動は、自由ジャーナリズムにおいて多くの賛同者を獲得。『中央公論』誌上をはじめ、『東京朝日新聞』の社説「軍備縮小決議案」（一九二一年二月一二日付）、『東洋経済新報』の論説「軍備制限と軍閥の勢力」（同年二月一九日付）など、軍縮要求を内容とする記事が相次いで掲載される。これら軍縮論は大体において経済的合理性の観点から論じたものが多かったが、『東洋経済新報』のように軍部の特権制度の打破による政治的自由の獲得という視点を踏まえた論説もあった。

こうした多様な軍縮論が示される中、軍縮を実践していくための運動組織が創設されていく。例えば、尾崎行雄、島田三郎、吉野作造、堀江帰一の四名が発起人となって軍備縮小同志会が結成される。これには各界から軍縮賛成者が多数参加し、軍備縮小、軍国主義打破、平和政策確立などをスローガンとし、軍備縮小実現に向けて活動を展開していくことになる。

また、武藤山治（むとうさんじ）を中心とする日本実業組合連合会も、それより先の同年三月から軍備縮小運動を開始。武藤は軍縮要求の実現によって健全財政を脅かす軍事費の過重負担からの解放、軍縮断行による余剰金の民間工業育成への投入などを主張。さらに、同年一〇月には郷誠之助を団長とし、渋沢栄一、井上準之助、和田豊治、藤山雷太、団琢磨らを発起人とする実業視察団が欧米各国を歴訪する。そこでの主張は、日本が平和主義を目指す国家であり、そのためにワシントン海軍軍縮条約成功を希望していること、経済政策においても国際事情と協調を推進していくことなどを説いて回るものだった。

危機感募らせる陸軍

大正デモクラシー運動を背景にした軍制改革・軍備縮小を要求する世論の形成と、議会における軍備縮小建議案の相次ぐ提出とその可決。さらに、原内閣で顕著となった政党の対軍部政策など、一九二〇年初頭から活発となった一連の軍部批判に対し、特に陸軍は深刻な危機意識を抱くことになる。それは次の文からも明らかである。

少し長いが煩を厭わず引用する。これは、当時陸軍の実力者として権勢を誇っていた田中義一の建議である。当該期における陸軍の軍縮世論への認識が良く示されている。

「昨今に於ける世間の状態を観るに言論の自由を楯とし漫りに国防に関する諸件を論議し、或は国防方針に或は国防に要する兵力に或は帝国に於て陸海軍孰れを主とし孰れを従とすべきや等に論及し、根拠不確実なる言論を弄して無稽の国民を誘惑し、人をして所謂国防方針なるものは、他の政務と撰ぶ処なく衆議を以て左右し得べきかの感想を抱かしめ、其勢延て国是の遂行を沮害するに至るなきを保せず。而して世間をして斯の如き言論を取るに至らしめたる所以のものは、陸海軍当局者の所謂与論の勢力を借て、軍備拡張若は充実計画の遂行を容易ならしめんとしたるに基因し、政党者流〈政党者のような連中〉又は一部の陸海軍に対する野心家等は此の心情を洞観し、之を利用して世論を煽動し陸海軍両者をして深く自ら省るに遑なく、恰も各自己の計画を実行せんが為也。益々世間を煽動して、両者の言論を紛糾せしめて遂に議会の問題たらしめ、国防方針及之に伴ふ兵力をも政党間の議論に訴へしめ、以て軍令の独立に拘束を加へんとするにあらざるか勢の赴く処、此の如き趨勢を馴致〈なれさせること〉するなきを保せず。之れ建軍の基礎を危くするものにして実に寒心に堪へざるものあり[13]」

ここには危機感とは反面に、軍部が持つ帷幄上奏権、統帥権独立制、軍部大臣現役武官制に代表される特権制度を楯とした制度的特権意識、また天皇の直属機関としての軍隊という精神的特権意識が、その根底に強く流れていることが知れる。

このように軍隊が他の如何なる機関にも制約される存在ではない、とする観念に固執する軍部。その軍部にとって、大正デモクラシー運動を背景とする軍部批判の展開と、平等主義を基調とする民主主義思想の軍隊内への浸透の可能性とは、天皇を頂点とした絶対主義的な階級社会である日本軍隊の地位を動揺させる危険な対象と映ったのである。

なかでも特に、攻撃の中心とされた軍部大臣の任用資格問題について、軍部は一旦任用資格が文官にまで拡大されて、政党人が軍部大臣に就任した場合、軍隊は国家＝天皇の軍隊ではなく、党派性に左右される不安定な軍隊となり、軍隊的秩序の崩壊は必至である、と考えていたのである。

民主主義を前提とする政党の軍部への統制は、「民主主義は軍隊組織の最も力強き溶解剤」[14]とされたように、軍部が最も警戒したものであった。そこで軍部は一連の軍部批判に対抗するため、まず政党が最も強く要求していた軍部大臣文官制導入への批判を展開し、軍部大臣現役武官制の根拠と正統性とを主張していくことになる。それは統帥権神聖論、軍部大臣エキスパート論、文官不適論などを内容とするものであった。

こうした軍部の巻き返しが徐々に開始されるにつれ、軍部批判は政党間の党略と絡んで段々と足並みが乱れ、軍制改革案も妥協的な結果しか得られなくなっていく。政党政治が対軍部政策の面で、最も力を得ていた時期においてさえ、政党間の足並みが乱れたことは、軍部の政治的反攻に一層の弾みをつけることになったのである。

特に、総力戦体制構築との関連で重要なのは、政党や世論の軍部批判と軍部の巻き返し策との対立が、総力戦体制を構築していくうえで決定的な障害となるとする認識を、軍部内に植え付けたことである。そこから総力戦段階に適合した軍装備の近代化と国民の軍隊への理解を深めるための政策を、強力に促進すべきである、いう主張が現れるに至った。

陸軍軍備の現状

ここで軍制改革問題や軍縮世論が浮上してきた状況下での陸軍軍備の現状について要約しておく。寺内正毅内閣時代（一九一六年五月成立）の兵器改良と特科編成改正を目的とする軍備充実計画から触れよう。因みに、一九一六（大正五）年度の一般会計と臨時軍事費特別会計との合計が五億九八五二万五〇〇〇円、直接軍事費が二億五六五三万八〇〇〇円というように、軍事費が国家予算の四二・八％を占める時代である。[15]

同計画は、一八ヵ年の継続予算取得を中心にして、経費一億二八七〇万円、臨時費五五二六万円を投入して実施されることになる。

その内容は「大正六年度第一次軍備充実」として各歩兵連隊に機関銃隊一隊の増設、山砲兵隊三個大隊を三個連隊に改編、航空隊二個大隊の増設、砲兵工廠の増設、さらに「大正六年度第二次軍備充実」として各騎兵旅団に機関銃隊増設、野戦砲兵連隊を四門編制九個中隊三個大隊に改編、野戦重砲兵連隊六個を二個旅団と一個連隊に編合、重砲兵隊を二個連隊と九個独立大隊に編合するとしたものである。

次の原敬内閣時代（一九一八年九月成立）においても、大戦中の経済発展を背景に積極政策を打ち出されていく。ここでは航空隊の拡張（中隊の増加）、気球隊の独立、陸軍省航空課の新設、航空学校の設置、陸軍航空隊の設置、工兵学校の設置などを実施することにした。

また、一九二〇（大正九）年度の軍備拡充計画では、砲兵、工兵、輜重兵の二年在営制の実施、航空設備増進、自動車保有の増加、教育制度の改善があり、翌二一年度には騎兵の二年在営制の実施、下士官制度の改善、馬政の改善などを実施。これら軍備拡充計画によって、一九二〇年段階での陸軍の規模は、常備兵として将校一万七〇六〇名、准士官二万八五五七名、准士官以下二二万七四三六名の合計二六万五三五三名、それが近衛師団を含めて全部で二一個師団に編成されていく。

なお、当時の陸軍編成の内訳は、高等司令部八一箇所、歩兵隊二六四個大隊、騎兵隊一〇二個中隊、野砲兵隊一九一個中隊、山砲隊一四個中隊、重砲兵隊六一個中隊、工兵隊六二個中隊、鉄道隊一三個中隊、電信隊一〇個中隊、航空隊九個中隊、気球隊一個中隊、輜重隊四四個中隊、自動車隊二個中隊、軍楽隊三隊、懲治隊（脱走兵など問題とされた兵士を一般部隊から隔離して更正を図る目的で組織される部隊）三隊、憲兵隊二七隊、官衙二〇六箇所、学校二一校である。

これらの軍備拡充計画に従って軍装備、軍編制の改革が順次実施されていったが、それでも実際に総力戦を体験した参戦諸国と比較した場合、日本陸軍の近代化への立ち遅れは顕著であった。

例えば、軍装備の近代化の重点目標とされた航空戦力の充実度を欧米諸国と比較した場合、日本陸軍は九個中隊二〇〇機（海軍はこの段階で一〇〇機程度保有）を保有したに過ぎなかったが、イギリスでは五〇個中隊一六〇〇機、フランスは一五〇個中隊二〇〇〇機、アメリカは七〇個中隊一三五〇機を保有。

しかも機数という量的な差ばかりではなく、型式の新旧、機体の整備技術、パイロットの練度などの点でも質的格差は歴然としていた。この原因は当時一個師団の年間維持経費が約五〇〇万円必要であり、二一個師団の年間総維持費だけで一億円以上要したことから、近代兵器の開発整備に経費を十分に投入できなかったことにある。これら軍備充実計画には、総力戦段階に適合した軍事力の創出という視点の確立が、充分でなかったことも考えられる。

この総力戦段階に適合した軍事力の創出を果たすためには、基本的に軍事力に対する国民の信頼感の培養、工業生産能力の向上による軍需品の大量生産・供給、近代兵器の開発、生産システムの整備などを急務としなければならない。そうした観点に立った軍備充実計画の実施こそ、本来軍部が目指すべき目標と明確に認識していたのは、まだ少数者であった。その一人に当時参謀本部第一部長の宇垣一成（本書九〇頁参照）がいる。

宇垣は、一九一六年の第二次大隈重信内閣時代に二個師団増設が実現した後、今後の軍制改革は「国民の軍事的陶冶（とうや）」、「産業の軍事的促進」、「軍部内の整理」の三点に要約できるとする。[16] さらに一八年には、総力戦段階では「軍を国民化することも国民を軍隊化することも現時の状勢に於ては共に緊要なり」[17] と日記に記す。この宇垣の総力戦思想こそ、総力戦体制構築を目指すべき軍部内革新将校の一貫した指導原理となっていくものであったのである。

陸軍改造計画

軍部批判や軍縮要求が高まってきたこの時期に、軍関係者からも総力戦段階に相応しい軍装備を含め、それに対応可能な陸軍に根本的に改造すべきだとする主張が活発化してくる。それは最初、軍以外の場所での活動を制限されていた現役軍人に代わる退役軍人の一群によって、出版物や講演などを媒介にして実行されていく。

例えば、陸軍歩兵中尉中尾龍夫(なかおたつお)は、一九二一(大正一〇)年に『軍備制限と陸軍の改造』(金桜堂書店)を出版。そのなかで軍備制限・軍備整理の目的は、あくまで軍近代化のための費用を自前の予算から充当することにあるとした。すなわち、陸軍予算の基礎となる軍事費は約一億八五〇〇万円の経常維持費であって、これは現行制度の改廃が無い限り、ほとんど変化のないものという理由から、具体的には次の三つの軍制改革によって、これに代えようとする。

すなわち、第一に現在の二年在営制を一年四ヵ月に短縮し、これによって二四六四万円を節減すること、第二に、全国で四二ヵ所ある旅団司令部の廃庁によって五二〇万円を節減すること、第三に、騎兵旅団の全廃によって三五〇万円を節減すること、である。これらの節減によって合計で三三三四万円の整理が可能としたのである。[18]

この整理による節減経費を以後三ヵ年間国防上の欠陥の補填に充当すれば、陸軍の装備は面目を一新することができ、さらに三年後からは、軍備整理を行なわずとも年々約三三〇〇万円を陸軍予算から削減できるとした。これらの節減経費で、中尾は新兵器の充実、特に航空隊の大拡張を実行することが必要であると説いている。ところで、中尾が算出した約三三〇〇万円の節減経費は、翌一九二二年に実施された山梨軍縮による三五〇〇万円のそれとほぼ同額である。

また、陸軍中将橋本勝太郎(はしもとかつたろう)は、中尾と同時期に出版した『経済的軍備の改造』(隆文館)のなかの序文において、軍部および国防が軍人だけの専業であった時代は既に過去のものとなっており、今やそれは一般国民の双肩に担うべき事項である、との基本認識を明らかにする。そして、WWIの教訓から軍事作戦においては、開戦劈頭(へきとう)での戦力集中による速戦即決の戦法採用が肝要であるとし、それを実行するためには戦争に向けての平時準備が重要であると説く。また、国防の意義について橋本は次のように記す。

「平時より国民挙(こぞ)つて、軍事国防、即ち広き意義における国力の涵養(かんよう)発展に努力し、国難に際しては、国家の諸機関が相互動員的に其の全効程を発揮発展し得る施設と決心を持つて、和衷協同虚心坦懐に活動す[19]」

ここに総力戦的発想を充分に読み取ることができるが、橋本は他の箇所で総力戦の様相を「国民戦争」という用語で表現している。

すなわち、橋本はWWIが結果的に四ヵ年にわたる長期戦になった理由を、参戦諸国の国民の間にこの「国民戦争」への認識が希薄であったこと、それに国民動員の準備が不足していたことに求めている。この二つが解決された場合、長期戦は生起しないはずである、としたのである。橋本は、速戦即決を目標とする作戦行動を可能にするには、全人口は六〇〇〇万人として、陸軍二六二万五〇〇〇人、海軍八七万五〇〇〇人、後方勤務二五〇万人の合計六〇〇〇万人の動員兵力が不可欠とした。

　これと同時に総力戦準備のための軍制改革として、国力は軍備と経済の相乗積で換算されるという視点から、軍備と経済の調節を最優先で行なうべきだとする。他にも一般各種学校、地方青年団の軍事知識普及、軍隊と国民の軍事訓練強化による精兵の大量養成を図ること、などを挙げている。そして、これら軍制改革は、「国家総動員を目標として画すべきである」[20]と結論する。

　陸軍大佐小林順一郎（こばやしじゅんいちろう）も、一九二四年に『陸軍の根本改造』（時友社）を出版。小林は現在の陸軍がＷＷＩ後六年を経過したにもかかわらず、依然として歩兵小火器主体の旧装備、旧戦術に固執するＷＷＩ前型の軍隊であり、今こそ根本的改造の断行によって近代的軍隊に転換しなければならないと主張。それで、陸軍の根本改造は、まずもって国民全体の協力によって初めて可能であるとする。この内容についても徴募、編制、装備、戦争補充機関の準備施設の完成、軍隊と国民との関係改善など全般的な問題にわたっていた。これら陸軍の根本改造は、単に陸軍のみの問題ではなく、国民全般に課せられた問題とも言う。

　同書のなかで、小林は軍国主義と国防主義は根本的に異なるとする持論をも展開する。それは、「世に戦争不可避論を高唱して、軍備の必要を説き、或ひは陸軍の改革を叫ぶ者が少くない。特に夫（そ）れが軍部有力者間に多いやうであるが、予は此の意見には絶対反対である」[21]との内容である。小林は、言うところの世論の支持をも取り付けた合意形成のうえに軍拡も進めるべきであって、ましてや総力戦の時代に国民の能動的な支持がない限り、合理的な国防主義の徹底は不可能と説く。

小林はこの他にも国家総動員組織の発達した国家では、WWⅠで人口一〇〇〇万人に対し、少なくとも五〇万、あるいは六〇万の軍隊を戦場に派遣し、戦闘に必要な兵器弾薬を補充していたとしている。

例えば、フランスの場合、人口三八〇〇万人のなかから、その七％に当たる約二七〇万人の軍隊を五ヵ年の長期にわたり戦地に維持していたとする。その比率からすれば、日本の場合には現在人口七〇〇〇万人を有しているから、少なくとも戦時三〇〇万（一五〇個師団相当）が動員可能な国家総動員体制の樹立を急がねばならないとした。

そしてこの場合、重要なのは三〇〇万の動員兵力を支える軍需品の生産補充工業能力の確保であると言う。小林は、国家総動員体制の樹立が、「平時に於て恐るべき経済的武器となり、国防策としては国民的国防の内容となって厳然としてその威信を示して居るのである」[22]と結論づける。

これらの陸軍改造計画案が、比較的軍装備の近代化の点に重点を置いていたのに対し、陸軍中将の佐藤鋼次郎（さとうこうじろう）は、一九二二年に『軍隊と社会問題』（成武堂）を出版。これまでとかく社会一般と隔絶されていた軍隊の合理化・社会化によって、一般社会のなかでの軍隊の存在に正当性と権威性を得ていく作業が必要であると説いている。そのためには学校教練の実施、在郷軍人会、青年団、少年義勇団などの活動を通して、国民の中に広く軍国主義的気運を高めていくことが肝要であり、それが総力戦体制構築の前提とならなければならないと主張。

佐藤は同書で、「軍隊に関する社会問題としては、国民の軍隊化の如き、軍人の待遇の如き、国民一般の問題として取扱はなくてはならないものが甚だ多い」[23]として、小林と同様に軍拡が国民的合意の上に成立するものであることを「国民の軍隊化」で表現している。取り分け、「軍隊にデモクラシーの徹底」の項では次のような持論を展開している。

「目下における急務としては、先づ軍隊にデモクラシーを徹底せしめ、上官と部下との精神的結束を鞏固（きょうこ）にし、上を敬ひ下を恵み、所謂一致の和解を得て、軍隊の内面にデモクラシー的精神を充実せしめなくてはならぬ。現時に於ける我軍隊に於ける最大欠陥とも云ふべき、部下の面従腹背の如きは、全く反デモクラシー的精神よりせし産物である」[24]

こうした論調は、軍隊内では必ずしも主流的立場を代表するものではなく、むしろ一般社会から一定の支持を得ていたものであった。しかし、陸軍の高級幹部のなかにも、先の小林や佐藤の議論の合理性・説得性を看過できない、と捉えていた将校も少なくなかったのは想像に難くない。

次に追っていく一連の軍縮政策の背景には、これらの議論がある程度は吸収されていたと見るべきであろう。

3　山梨・宇垣軍縮の断行と目的

軍縮の先取り

こうして軍の内外からの軍制改革、陸軍改造計画の要求に対し、加藤友三郎内閣（一九二二年六月成立）の陸軍大臣山梨半造は、これに応えるべく軍備整理案を作成。

山梨陸相は、一九二二（大正一一）年七月四日に発表した「陸軍軍備縮小案」を内外の批判を受けて撤回。これに代わる第一次案を具体化して、同年八月から一個中隊を欠隊させて騎兵旅団に機関銃隊をそれぞれ設置。野砲兵旅団司令部三個、野砲兵連隊六個、山砲連隊一個、重砲兵大隊一個を廃止し、その代わりに野戦重砲兵旅団司令部二個、野戦重砲兵連隊二個、騎砲兵大隊一個、飛行大隊二個をそれぞれ設置。兵役年限の四〇日短縮などによって、将校一八〇〇名、准士官以下五万六〇〇〇名、馬匹一三〇〇頭、経費三五四〇万円を節減すると言う。

山梨陸相は、翌年四月にも第二次軍備整理を実施し、鉄道材料廠、師団軍楽隊二個、独立守備隊二個大隊、仙台幼年学校廃止、要塞司令部二個を新設。これら二次にわたる山梨軍縮は、常備師団をまったく削減せず、約五個師団相当の人員整理と引き換えに機関銃、野戦重砲、航空機などＷＷＩで活躍した近代兵器の装備を目指す。しかし、質量両面について言えば、山梨軍縮による軍縮成果は全体として僅かなものであった。

ただ、ここで注目したいのは軍編制の問題で常備師団数が如何なる理由で維持されたかである。約六万名に近い人員整理を行なったことは、軍制上の面で、また教育・訓練上の面で不利な影響を生ずる原因となるはずであった。それでも敢えて常備師団数に変更を加えなかったことについて、山梨陸相は、一九二三（大正一二）年一月の第四六回帝国議会（二二年一二月〜二三年三月）の貴族院で次のように述べる。

「戦時の始まる当初に於て、短小の時間に短小の月日に戦時の状態を整えて而も編成されたる所の部隊を鞏固（きようこ）なる団結を有せしめる。此（この）ことに付いて平時より準備して置かぬと、なかなか出来ぬのであります。それでありますから平時の師団数を減じまする結果は、戦時に新たに編成すべき部隊を益々加へる。従て動員の実施は愈々（いよいよ）困難となるのであります[25]」

これに加えて山梨陸相は、日本の工業力からして戦時における新たな兵力動員には限界があり、そのためにも練度の高い常備軍を基幹とする従来の編成を維持したとしている。

ところで山梨軍縮は軍縮を要求する世論が最も昂揚した時点を狙って行なわれたものである。制度的に見れば実質的に現状維持的改革の性格が強かったものの、政治的意味合いとして、これら世論への対応として実施されたという側面を持っていた。しかし、実際には、各方面から山梨軍縮をして、「所謂整理であって縮小ではない」[26]とする評価が一般的であったのである。それゆえ、結果的には山梨軍縮による軍縮要求世論の鎮静化は不可能であった。

軍部内にあっても山梨軍縮には飽き足らず、陸軍が総力戦段階に適合する軍事力を構成するには、肥大化した常備師団の大胆な削減が不可避とする議論が活発となってくる。

例えば、当時陸軍航空部高級課員であった小磯国昭（本書四九頁など参照）は、航空戦力の拡張費用捻出のため、四個師団の削減が絶対必要だとする[27]。また、WWI中、フランス軍に従軍して航空機の戦略的価値の重要性に着目し、一九二三年当時陸軍省軍務局航空課長であった四王天延孝は、航空兵力の大充実、新兵器の研究のためには七個師団程度の削減も辞さない覚悟で臨まなければならないと主張[28]。

ここにおいて、より徹底した軍縮の断行による軍近代化の要求は、陸軍内革新派のほぼ一致した見解となっていった。これを受けて第三次の軍縮に取り組むことになった中心人物が、田中義一の後を継いで清浦圭吾内閣（一九二四年一月成立）の陸軍大臣に就任した宇垣一成（本書九〇頁など参照）である。

ただこの内閣は五ヵ月の短命内閣となり、その後の護憲三派連立内閣であった加藤高明内閣（一九二四年六月）は、「行財政」を重要な政綱として掲げる。そして、増税によらない財政政策の実施によって資金を捻出するため、その検討機関として財政整理委員会を設置。同委員会は審議の結果、陸軍の常備師団のうち四個師団の削減によって資金の捻出を図るとする結論に達し、「軍備縮小案」を作成して内閣に提言するに至る。これに基づいて加藤内閣は陸軍に対して三〇〇〇万円以上、海軍に対して五〇〇〇万円の経費節減を要求する。

宇垣軍縮の実際

清浦圭吾内閣に続いて加藤内閣の陸軍大臣に就任した宇垣一成は、陸軍に対する軍備縮小要求と、その実現が政党の勢力拡張に拍車をかけるとする。さらには軍内部の反発を招くとの危惧を抱きながらも、内閣の要求には「理想は兎に角として、現在を乗り切りて行く為には、此等も度外視する訳にはいかぬ。否、此等輩を本体とし相当の敬意と適度の誠意を以て応接せねばならぬ[29]」と記して内閣の掲げる財政整理方針に理解を示す。

ただ宇垣としては、軍備縮小が不可避としても、その主導権は内閣ではなく陸軍が保持しておかなくてはならない、と強く認識していた。その結果、宇垣は一九二三年八月に「陸軍改革私案」を作成。その冒頭の「軍備整理方針」として、以下の三点を挙げている。

一、短期戦にも長期戦にも堪へ得るの用意あること。
二、一部の軍隊戦も国民皆兵の挙国戦をもなし得るの施設を為すこと。
三、武力戦を主とすへきも経済戦にも応し得るの用意あること[30]。

さらに次の「改革の綱領」には、「有形無形に渉り国家総動員たらしむへきこと」[31]の一項目を入れ、宇垣の構想する軍備縮小が国家総動員の枠組で位置づけられたものであったことを明らかにしている。

宇垣の「陸軍軍拡私案」は、後に陸軍制度調査委員会に審議が託され、一九二四（大正一三）年七月一三日、同委員会の委員長津野一輔の名前で第一次調査報告書が提出される。ここに宇垣の陸軍改造計画、いわゆる宇垣軍縮の骨格が出来上がった。

これに基づき翌二五（大正一四）年五月、軍縮が実行に移される。その内容は第一三師団（高田）、第一五師団（豊橋）、第一七師団（岡山）、第一八師団（久留米）の合計四個師団の廃止、連隊司令部一六個、幼年学校二校、台湾守備隊司令部一個、衛戍司令部五個の廃止を中心としたもの。それによって兵員三万八八九四名、馬匹六〇八九頭を整理し、この二五年度予算において、経常費と臨時会計費の合計で一二九五万円を節減することになる。

また、これらの整理と同時に総額一億四一二六万円にのぼる新規軍備拡充計画を、一九二五年度から三二年度の八ヵ年にわたって実行する長期計画を立案。とりあえず戦車隊一個、飛行連隊二個、高射砲連隊一個、通信学校、陸軍科学研究所の新設、歩兵の軽機関銃装備の充実、火砲・射撃器材の整備などを実施するとした。しかし、これらのうち、近代装備の近代化への作業は、関東大震災（一九二三（大正一二）年）後の財政危機のさなかでもあり、さらに継続費として次年度以降に計画していた装備改善が繰り延べを余儀なくされたこともあって困難を極める。

宇垣軍縮による常備四個師団の削減は、確かに、それまでの日本陸軍の軍制史上画期的なことであった。しかし、それは総力戦段階における戦時動員兵力の拡大の必要性という点からすれば、一見矛盾する内容を含む。宇垣軍縮が敢えてこの矛盾を犯しつつも、師団の削減に踏み切らざるを得なかった第一の理由は、何よりも日本の経済的後進性を原因とする工業生産能力水準の低位性にあった。

実際、総力戦に必要な近代兵器体系の装備、大量の兵力動員の確保には、各種の軍需物資、作戦資材の高度な生産・補充が不可欠であり、工業生産能力水準の低位性の問題は、常備師団および戦時動員兵力の許容範囲に著しい制約を加える原因となっていたのである。

軍縮断行と軍装備近代化

ところで、軍縮以後における軍装備近代化のための政策は、一九二六(大正一五)年一〇月、陸軍省に設置された整備局が翌年一一月に策定した「作戦資材整備永年計画策定要綱」によって本格的に開始される。

この要綱は、「後方に所用の補充、補給源を欠ける国軍は其の兵額如何に大なりとするも有為(ゆうい)なる活動を望む能(あた)はざる事明なればなり」という認識から、「国家の整備すべき戦時兵額は主として国家の戦時利用し得べき諸資源、諸機能を計量して策定せらるべきもの[32]」とする。それは戦時必要となる作戦資材、補充物資の量を予測し、既定予算の運用から平時よりその準備計画を立てておき、それに見合う軍需工業能力を拡充しておこうとするものであった。

要綱策定一ヵ月後に「作戦資材整備永年計画策定業務規程」が制定される。これに従って一九二八(昭和三)年八月頃までに永年整備計画が策定される。翌二九年度から三二年度までを第一期、三三年度から三七年度を第二期、三八年度以降を第三期に時期区分し、所定の資材整備に着手する。

実際の配備状況は一九二七年度末までに、新たに軽機関銃八個師団分が配備されたものの、歩兵砲などの重火器類の配備は予定通り進まず、ようやく第二期終了年度の三七年度までに軽機関銃、歩兵砲とも常備一五個師団分の配備が完了。その他に通信器材、高射砲の予定配置量の完了は第三期以降に持ち込まれる。

さて、宇垣軍縮の狙いは各政党の軍縮による財政整理の要求と、国の内外における軍縮気運に応える姿勢を採りつつ、これを巧妙に利用して軍近代化を図ることにあった。しかし、陸海軍の合理化と近代化という点では、戦時動員兵力の確保、有能な将校や下士官の補充の困難性なども十分には解決されないままであった。

その原因としてより根本的には再三繰り返したように、日本の軍需工業生産能力水準の低位性にあり、それが軍近代化の阻害要因となったことにある。しかし、この他の問題には総力戦体制の構築をめぐって、陸軍内部で路線上の対立が存在したことも挙げられる。それは陸軍の作戦計画、作戦対象、軍の構成、対国民施策などの様々な点に関するものであったが、それらにしても工業生産能力水準の低位性にかなりの部分規定されたものであったと言えよう。

いずれにせよ、こうした条件に規定されつつ、陸軍の総力戦体制樹立を目標とする国家総動員構想を実現していくためには、これら陸軍内部の対立をまずもって解消しなければならなかった。

軍縮断行への評価

その宇垣軍縮についての評価だが、まず宇垣自身は、軍縮後の第五〇回帝国議会における貴族院予算委員会で、陸軍省所轄の予算の概案説明を行なった際、総力戦としてのＷＷＩを次のように総括することから始めている。

「戦争が一般に大規模となり又持久性を帯びて来たと云ふ所謂国家総動員即ち一国の全智全能を傾注して戦争に従事しなければならぬと云ふ事になりました。此の点が国防上の基礎の上に多大の変化を与えた所であります[33]」

宇垣は、軍縮がそうした総括に立って実施された総力戦への対応策であるとしたのである。これには宇垣が予想した通り、議会・政党関係者は概して好意的な受け止め方をするものが多く、軍縮要求の高まりはひとまず落ち着きを見せる。しかし、宇垣軍縮による四個師団の削減は、陸軍内部にあった反対を押し切る形で実行されたこともあって、宇垣を中心とした軍縮による総力戦体制構築路線を推進する派と、これに反発する勢力との対立が深刻化していく契機ともなる。さらに宇垣陸相は、次の第五一回帝国議会（一九二五年一二月〜二六年三月）の衆議院で四個師団削減の理由を次のように述べる。

「精鋭にして且多兵と云ふことが吾々の理想と致して居る所であります。併し国家の財政にも限りがありますから、両様の事が満たせぬ場合に於ては、無論精鋭を執って行かなければならぬ[34]」

ここには従来見られた戦時動員兵力の拡大志向が後退し、日本の国情に応じて総力戦段階に適合した軍事力の創出には、取り敢えず軍備の近代化促進と多数常備師団保有の放棄が必要であるとの考えが明らかにされる。これは、宇垣を中心とする軍縮推進派＝軍制改革派の共通認識であった。

一方、宇垣の削減方針に対し、宇垣軍縮で廃止されることになった第一五師団の師団長田中国重中将は、一九二四（大正一三）年七月二九日の上原勇作元帥宛書簡のなかで、宇垣軍縮を批判して次のように記す。

「軍備整理敢て不同意にあらざるも、徒に民心に迎合し、陸軍自ら進んで兵役年限を短縮し師団を減少するが如き事は、全然之を避くるを必要と存候。軍備反対者は一個師団を減ずれば二個師団を、二個師団を減ずれば三個師団を要求するは予想するに難からず。即ち現今の日本に於ては一歩を譲るは百歩を譲るの始めなる事を肝銘し置くの必要存之と存候。師団減少の如き陸軍に一大斧鉞〈おのとまさかり〉を加ふる事は、国民の士気に影響し国民の国防思想を低下し、国防上無形的に一大欠陥を来す事は明瞭に御座候[35]」

田中は日本の工業能力水準の低位性を認識したうえで、宇垣の総力戦構想が客観的に見れば、作戦方針と矛盾する長期戦の志向が強いことを批判する。

すなわち、田中の見解の柱は、「自給自足の能力なき帝国が欧州戦争の如き長期戦争を遂行せむとするのは絶対に禁物[36]」であって、日本の作戦方針は、「開戦当初可成り多数の精鋭なる軍隊を集中して攻勢運動を開始し、初戦に於て敵に大打撃を与え再び起つ能はざる如く指導する」ことにあった。そこから「帝国陸軍は成し得る限り多数の常備軍を保有[37]」することが必須となってくるとし、これと矛盾する宇垣の軍縮政策に反対を唱えたのである。

田中が記した軍縮の実施は、国民の国防思想の低下を招来するという判断も含めて、宇垣からすれば宇垣軍縮による「国民一致融和挙国国防[38]」の促進という考えとまったく相反するものであった。

この他にも田中に代表される反宇垣派との間には、近代兵器体系に対する価値評価の点でも大きな落差が見られる。これは、一九二三年に改訂された『歩兵操典』をめぐる軍内部の論争とも関連する。

つまり、歩兵戦闘における従来の肉弾主義の重視は旧戦法であり、これに根本的改革を加えて欧米型の新式軍隊の編成と戦法を積極的に採用しなければならないとする軍制改革派と、多数の兵器製造は日本がたとえ近代兵器を装備したとしても、その補充に困難を来すだけであるから、多兵主義によってこれを補うべきだとする現状維持派との論争あるいは対立である。

このうち現状維持派は、田中国重らと同一の認識を持つものであった。その主張は歩兵万能主義であり、勢い精神至上主義的傾向を持つものとならざるを得なかった。これら現状維持派は宇垣を代表とする軍制改革派の軍近代政策が、結局は「航空機万能論」や「機械力主義」を目指すものであって、それは精神主義の軽視という悪しき風潮を招くに過ぎない、とする批判を行なっていたのである。

軍主導の軍制改革

この現状維持派の総力戦への対応は、まず精神的に強固な兵士を平時から多数保有し、戦時にこれらを基幹とする部隊を編成・動員するとしたもの。軍事力とはあくまで兵力量のことであり、戦争の勝敗もこれに左右されるとする。これについて宇垣軍縮当時、軍事参議官として宇垣路線の反対者の一人であった福田雅太郎(ふくだまさたろう)は、「戦争の根本は人にある。如何に機械が精鋭だからとて、人を機械に替えて、人を減ずるのは誤っている」[39]と述べる。

そして、そこにおける「人」とは、何よりも軍人でなければならなかった。これも宇垣が従来主張してきた国防は軍人のみの専業ではなく、国防の主体は国民にあるとして、国民皆兵主義思想の徹底による「国民の軍隊化」、あるいは「軍隊の国民化」の促進という考えとまったく相反するものであった。

こうした歩兵万能論、精神的威力偏重論は、陸軍のうちでも参謀本部を中心とする作戦担当関係者に特に多かった。彼等には、「単に我国民の精神力の優越のみに信頼し、編制・教育訓練等の諸制度を律せむとするは危険なりと言はざるべからず」[40]という指摘の意味が充分に理解されていなかったようである。

さて、軍制改革による宇垣軍縮の実施に終始批判的な立場を採っていた軍事参議官尾野実信大将、町田経宇大将、福田雅太郎大将らは、宇垣軍縮による人員整理の対象とされ、予備役編入となって現役軍人としての発言権を封じられる。

こうして宇垣は、軍制改革による陸軍の主導権掌握にも着手する。これによって本格的な国家総動員政策が始動する。ここから国家総動員構想の実現による総力戦体制の樹立を目指す国家総動員政策とは、宇垣軍縮を契機として陸軍内の主導権を掌握した軍制改革派の一群によって推進された政治プログラムと見なすことができよう。

この軍制改革派は、後にいわゆる統制派と称された政策閥を形成して、事実上陸軍の中心勢力となっていったのである。そして、軍制改革派による国家総動員政策の展開上最大の障害となったのが、日本の工業能力水準の低位性の問題であった。そのことは単に軍近代化の阻害要因となったばかりでなく、軍の作戦方針の大枠をも規定し、さらには総力戦体制自体の性格付けにも決定的な影響を与えることになる。

この点で軍制改革派と現状維持派との論争・対立点は、日本の工業能力水準の低位性という問題に如何に対処しつつ、総力戦段階に適合する軍事力の創出を果たすか、の方法論的レベルでの相違に過ぎなかったとも言えよう。

これに関連して、一九二三年一月、陸軍省兵器局工政課長鈴村吉一中佐（本書六九頁など参照）は、「各部隊に於ける大正十一年度軍需動員計画視察の詳細報告」と題する文章を陸軍大臣山梨半造に提出していた。そのなかで工業生産能力水準の低位性から発生する問題に関連して次のように記す。

「計画上各部隊に課すべき任務は昨年視察の結果一般に過重なりと認めたるを以て、十一年度訓令起案に当り努めて要求の程度を緩和し、以て実施を可能ならしむる程度に止むることに努めしも（中略）今回視察の結果に徴するに未だ所望の域に達しありと認め難し。故に軍需品整備の能否に依り作戦を掣肘するは、素より好ましからざる状態なりと雖も、将来軍需品の整備特に動員当初に於ける要求の程度を一層緩和すること極めて必要なりと信ず」[41]

陸軍では一九二〇年度から、「帝国の国勢、国情に鑑み速戦即決主義を国軍作戦の根本方針とするに於ては補給を敏活なる作戦に伴はしむる」[42]ために陸軍軍需動員計画を策定。その三年後の一九二八年に至った段階で早くも「軍需品整備の能否」が「作戦を掣肘する」ことへの危機感を表明せざるを得なかったのである。こうした資源の統制確保は当面陸軍軍需動員計画の最大の課題とされた。資源供給地としての朝鮮、中国の東北三省（遼寧省、吉林省、黒竜江省）「地域の資源・工業開発は、この点から急ピッチで進められることになる。

4 軍近代化という名の軍拡

総力戦準備と軍拡

一九二〇年代の日本は、来るべき総力戦に備えて、国内の政治経済体制の総力戦化への改編が進められた時代であった。つまり、総力戦準備を一大目標として、国家総動員体制が国家組織再編の目的をもって構築されようとしたのである。国家総動員機関には、例えば総合的国家総動員機関として一九二七（昭和三）年五月に設置された資源局がある。その資源局は二八年九月、「資源の統制運用準備に就いて」と題する文書を作成している。

そのなかで資源を「国力の源泉」と位置づけ、「資源の綜合は即ち潜在的の国力の其れ自身である。斯るが故に所謂資源は其範囲極めて広範囲であって、人的物的有形無形に亘り、依て以て国力の進展に資すべき一切の事物を抱擁する」ものとする。そして、資源統制運用の要は、戦時における資源の統一と、それによる供給の安定確保であり、軍隊の軍需物資を充足し、さらに国民生活の安定によってはじめて国力が最高度に発揮されるものとする。結論として、「現代国防の要素は啻に精鋭なる国軍を擁するに止まらず国民の有する全智全能を尽し、国の利用し得べき一切の力と物とを挙げて、之を国防に充つるに在り」としている。[43]

これらの認識に立って資源の統制運用を具体的に推進するためには、人員の統制按配、生産、分配、消費などの調節、交通の統制、財政・金融に関する措置、情報宣伝の統一などを強力に実施すべきであると結論していた。

さらに、これらの実施を効果あるものとするためには、資源統制運用の必要性を国民に宣伝し、それによって資源状況の実態を説明することで国民の精神的緊張を喚起。併せて精神総動員体制創りを進めようとしたのである。また、そのことによって軍需品の死蔵、作戦資材の固定など経済的非効率性の課題を克服する契機を掴みたいとしていた。

しかし、資源の確保や備蓄が不安定であり、しかも工業水準の未発達性と、それに起因する工業生産能力水準の低位性の問題が、総力戦段階に軍近代化の障害となっていたことは先述の通りである。そのことは具体的に三単位制師団案、つまり、従来の二個連隊を基幹する一個旅団二個による一個師団の編制から、旅団を廃止して三個連隊を基幹とし、一個師団を編成する欧米型の編成方式に参謀本部が強行に反対を表した次の一文から知れよう。

「我が国の工業能力並に物資の関係は欧米諸国と比較にならない。仮令我全軍が悉く新兵器で武装した所で、一会戦にして忽ち弾丸も其の軍需品も尽き果てて仕まうだろう。されば我国としては特有の編成を採らねばならぬ[44]」

また、宇垣軍縮の四個師団削減が経費捻出による軍近代化の促進という表向きの理由の他に、その根底にやはり工業生産能力水準の低位性の問題が含まれていた。宇垣軍縮実施当時、陸軍省整備局統制課員で軍制改革派の一人であった佐藤賢了は、四個師団削減に踏み切らざるを得なかった理由を次のように述べる。

「陸軍の動員兵力は四十個師団であったが、第一次世界大戦の後は、装備の近代化の必要に迫られるとともに、弾薬品、その他資材の消耗は非常に増大し、日本の資源、特に工業力で四十個の補給は到底まかないきれないことがわかった。したがって、軍備の間口を減じて、補給の奥行を増加しなければ国防はまったきを期し得ないし、また兵力を減じてでも、装備の近代化に特別の努力をはらうことが絶対に必要になった。これが永年にわたって、作戦資材整備会議という委員会で熱心な研究検討の結論であった[45]」

それで、この結論に基づき戦時動員兵力を四〇個師団から八個減らして三二個師団とし、師団は平時の二倍動員であったことから、戦時動員兵力を八個師団減らすためには、四個師団の削減が必要となったと説明している。このように軍装備の近代化という積極姿勢の一方では、総力戦段階における軍事費が、これまで以上に一国の工業生産能力に依拠したものであり、経済力＝軍事力という図式が成立してきたことへの精一杯の対応が、実際には宇垣軍縮による軍装備の近代化であったと言えよう。

軍装備の近代化や陸軍が構想する作戦資材の充足が不可欠な要因であることは、今や誰の目にも明らかになってきた。一九二八（昭和三）年に陸軍省整備局が作成した「作戦資材調査概要報告」では、この段階で作戦資材整備調査の結果を述べている。

そこでは、所要総額四八億円に相当する資材が必要と算定されたのに対し、実際の作戦資材準備はその一五％程度の約七億円相当に過ぎず、戦時調達による最大見込み量でも五八％の約二八億円相当しか充足できないとする予測を出している。[46]

従って、この不足分約一二億円相当分に限り平時から準備しておかなければならないとしたが、戦時調達見込量にしても、戦時兵力動員による労働力の低下という問題が加味された場合、さらに大幅な低下が生ずるのは明らかであった。そのことから陸軍は、作戦資材の安定確保のため国家総動員機関である資源局の業務を強力に後押しする形で、総動員政策の展開に取り組むことになる。

総動員政策の実現化

一方、政府でも逼迫してきた財政状態を立て直すため、第一次若槻礼次郎内閣（一九二六年一月成立）の大蔵大臣濱口雄幸が表明した、「財政好転の為めに、国民総動員において経済戦争の共同戦線に立たなければならんと信ずる」[47]との言葉からも知れるように、総動員政策こそ現状打開の切り札的存在と考えるに至る。ただ、ここで言う総動員政策の内容は、政府と陸軍とのそれでは力点の置き方、政策実現のための手段・方法の点ではすぐに後述するように、相当の隔たりがあったことも確かであった。

いずれにせよ、総動員政策は宇垣軍縮時期から濱口雄幸が内閣を組織する一九二九年までに、国体明徴をスローガンにした教化運動、陸軍省整備局と資源局の設置、青年訓練所、学校教練、青年団など各種の運動、機関、団体などを媒介にして展開されていく。ここにおける総動員政策は全体として陸軍が構想する国家総動員体制の実現を目指す点において、ほぼ軌を一にするものであった。

しかし、これら一連の総動員にしても決して順調に進んだわけではない。なかでも陸軍と政府の総動員政策の路線上の相違は、国家総動員機関設置準備委員会における審議の時点で明らかとなっていく。

例えば、準備委員の一人で同委員会幹事であった陸軍省軍務局永田鉄山を補佐していた同整備局課員安井藤治中佐は、同委員会における陸軍の姿勢の一端を次のように記す。そこにある「永田中佐」とは、二・二六事件の前年に相沢三郎中佐に白昼陸軍省内で刺殺された陸軍統制派の中心的人物であった永田鉄山である。

「総動員機関設置準備をリードしたものは陸軍であり、永田中佐であった。陸軍が推進しなければ誰もやろうとしないし、また出来もしない。先ず総動員の定義からきめてかかる必要もあった。陸軍には大正四、五年以来の調査研究の諸資料があったし、総力戦的観点から総動員実施がなくては国防は成り立たぬという考えが強くなっており、軍事調査部では永田中佐を助けてこれを推進した」[48]

ここでいう総動員政策とは単に工業動員だけを指すのではない。永田中佐が『国家総動員に関する意見』(一九二〇年)で主張したように、精神動員や工業動員など国家の諸力を総合的に動員する、その全体の政策を言うものであった。

これに対して同委員会の委員の一人で、『経済参謀本部論』(日本評論社、一九三四年刊)など国家総動員の必要性を強調し、後に資源局長官に就任する松井春生(まついはるお)は、そうした陸軍の総動員政策に触れて次のように語る。

「国家総動員政策の第一に重要なるは、畢竟(ひっきょう)〈究極のところ〉、資源保育の施設である。曩(さき)に、凡(およ)そ資源問題の中心が、資源の保有であり、其の保育の要諦は各資源の総合的発展を図るに在ることを述べたが、それは、茲(こ)にも全く適用せられる。現代戦が国力戦であり、国力の要素たる一切の人的及物的資源は、総て是れ同時に国防力の源泉たり、国家総動員の前提条件たるものであるが故に、総動員準備の観点に於ても、其の各部分の調和偕暢（かいちょう）を念とし、本末軽重を正し、先後緩急を制して、其の総合的国力の育成開発に努めることが極めて肝要であることは言ふ迄もない[49]」

これは日本の工業生産能力水準の低位性を認識することから作戦資材の死滅や固定を、陸軍軍需動員計画において不可避とした陸軍の総動員政策の経済的合理性を暗に批判したもの。松井の見解の柱は、民需を含めた総合的な見地からする資源保育の実施によって、工業生産能力の強化発展を期すことを、総動員政策の第一の課題としなければならない、としたことにあった。

結局のところ、陸軍の総動員政策は戦時における工業能力の限界性から、平時より可能な限り戦時用物資の備蓄によって、軍事力を最高度に強化維持しておくことを第一の目標とする。これに対して、松井らに代表される経済官僚たちは、平時にはまず経済力を強化し、戦時に一挙に軍需動員できる体制を整備しておくことが、総合的国力の強化に通ずる、とするものであった。そこに総動員政策をめぐる陸軍側と文官側との相違が存在する。

この総動員政策の内容をめぐる陸軍と政府の不一致は、金解禁に代表される金融資本的政策の採用で経済の行き詰まりを打開しようとした濱口内閣（一九二九年七月成立）における両者の抗争の根本的原因となった。それは表向き濱口民政党内閣の軍縮要求と、これに対する軍部の抵抗という体裁をとる。

軍縮の真相

本章で触れた山梨・宇垣両軍縮の評価をめぐっては、すでに多くの先行研究がある。また、日本現代史研究では盛んに取り上げられてきたテーマでもある。そこでほぼ共通する評価は、表向き軍縮の様相を採るものの、実際には軍近代化を目途とした軍拡ではなかったか、と言うものである。私も基本的にその立場を肯定するが、そこからの問題は、それでは何故に事実上の軍拡を最終的に議会や政党、それにメディアや世論が許容してしまったのか、ということである。

そこには第一に、「暗黒の木曜日」と称された一九二九（昭和四）年一〇月二四日（木曜日）に始まる世界大恐慌なども背景に、厳しい財政状況のなかで合理的な手法による軍拡を達成しようとすれば、第一に軍縮要求に師団削減という目に見える、分かり易い方法を果敢に採用することが不可欠とする認識を軍自体が気づいていたことであろう。

第二には、直接的に軍縮断行を担うべき政党や議会が、完全な軍縮という点で必ずしも足並みが揃わず、軍縮問題を党利党略の次元で扱かわれ、十分な踏み込みが出来なかったことであろう。その点については、主に第四章で一九三〇年代における軍縮要求への政党の対応を追う中で、さらに明らかにしたいと思う。そこには軍縮政策の不徹底ぶりの真相が現われており、現代にまで続く課題のようにも思われる。

第三には、国家防衛（国防）が当該期にあっては、錦の御旗のごとく、ある種の聖域観念が国民感情にも根深く存在していたからであろう。軍拡を求める軍は一貫して、そうした国防観念に訴え続けたのである。また、軍縮を要求する政党や世論にも、総力戦段階においては、最終的に国防を担保するものは戦力であるとする意識があったからこそ、現代で言う軍備管理のレベルでの戦力の合理的充実が不可欠とする考えが圧倒的であった。国防領域が、言わば〝聖域化〟していたのである。

それゆえ、軍縮が結果的に国防力を棄損する可能性が生まれるとする軍の論理に、ある意味では包摂されていった事実が指摘できる。そこにこの時代の軍縮要求の限界性を看て取ることは、ある意味では容易い。

問題は、その限界性をどれだけ突き破れるかによって、文字通りの軍縮を押し進めることであった。こうしたある意味では厄介な課題が、一九三〇年代における軍制改革をめぐる軍と政党・議会、さらにメディアや世論との応酬にも露見されてくる。そこで次の第三章ではロンドン海軍軍縮条約をめぐる国内の政争、そして第四章では、いわば頂点に達した軍制改革問題をめぐる対立の論争過程を追うことで明らかにする。

1 徳富猪一郎編『公爵山県有朋伝』下巻、山県有朋公記念事業会、一九三三年、一一八八頁。
2 鷲尾義直『犬養木堂伝』(明治百年叢書第・七六巻)中巻、一九八〇年〈覆刻版〉四〇六頁。
3 角田順校訂『宇垣一成日記Ⅰ』(大正九年四月上旬以降之随筆)みすず書房、一九六八年、三一七頁。

4　藤原彰『軍事史』東洋経済新報社、一九六一年、二七一～二七二頁。

5　『中央公論』一九二二年三月号、八二頁。

6　同右、九一頁。

7　尾崎行雄『軍備制限論』紀山堂書店、一九二一年、八〇頁。

8　大日本帝国議会誌刊行会編刊『大日本帝国議会誌』第一三巻、一九二九年、九四七～九四八頁。

9　同右、第一二巻、六五五～六五六頁。

10　同右。

11　同右、一二七三頁。

12　以上のアンケート結果は、尾崎前掲書（二二一頁）を参照。

13　「時弊に鑑み軍令権擁護に関する建議」（『田中義一関係文書』〈国立国会図書館憲政資料室蔵〉第四冊、三六六頁）。

14　角田順校訂『宇垣一成日記Ⅰ』みすず書房、一九六八年、二〇八頁。

15　前掲藤原彰『軍事史』二七一頁。

16　前掲『宇垣一成日記Ⅰ』一一九頁。

17　同右、一八七頁。

18　中野龍夫『軍備制限と陸軍の改造』金桜堂、一九二一年、七頁。

19　橋本勝太郎『経済的軍備の改造』隆文館、一九二一年、五一頁。

20　同右、五三頁。
21　小林順一郎『陸軍の根本改造』時友社、一九二四年、六三頁。
22　同右、二六～二七頁。
23　佐藤鋼次郎『軍隊と社会問題』成武堂、一九二二年、七頁。
24　同右、一五七頁。
25　前掲『大日本帝国議会誌』第一四巻、一九三〇年、四五頁。
26　『週刊朝日』一九二四年九月六日号。
27　小磯国昭自叙伝刊行会編刊『葛山鴻爪』一九六三年、四一六頁。
28　四王天延孝『四王天延孝回顧録』みすず書房、一九六四年、一五二頁。
29　前掲『宇垣一成日記Ⅰ』四五七頁。
30　『宇垣一成関係文書』（国立国会図書館憲政資料室蔵）請求番号一〇〇　リール番号一三・コマ数〇三七―〇四二。
31　同右。
32　臨時軍事調査委員会編『国家総動員に関する意見』陸軍省印刷、一九二〇年、四九～五〇頁。
33　宇垣一成「国家総動員に策応する帝国陸軍の新施策」（辻村楠造監修『国家総動員の意義』青山書院、一九二六年、二六四頁）。
34　前掲『大日本帝国議会誌』第一六巻、一九三〇年、六八五頁。
35　上原勇作関係文書研究会編『上原勇作関係文書』東京大学出版会、一九七六年、二六九頁。

36 同右、二七〇頁。
37 以上同右、二七〇頁。
38 前掲『宇垣一成日記Ⅰ』四六四頁。
39 黒坂勝美『福田大将伝』福田大将伝記刊行会、一九三七年、四一四頁。
40 臨時軍事調査委員会編刊『交戦諸国の陸軍に就て』第四版、二五頁。
41 陸軍省『甲輯第四類　永存書類』〔防衛省防衛研究所蔵〕一九三〇年、第二冊。
42 防衛省防衛研究所編『戦史叢書　陸軍軍需動員』第一巻、朝雲新聞社、一九六七年、九七頁。
43 前掲『甲輯第四類　永存書類』第二冊。
44 『大阪朝日新聞』一九二一年一月二一日付夕刊。
45 佐藤賢了『佐藤賢了の証言　対米戦争の原点』芙蓉書房、一九七六年、四七~四八頁。
46 前掲『戦史叢書　陸軍軍需動員』第一巻、二一九頁。
47 『東京朝日新聞』一九二六年一月一日付。
48 防衛省防衛研究所編前掲『戦史叢書　陸軍軍需動員』第一巻、二四一頁。
49 松井春夫『日本資源政策』千倉書房、一九三八年、一五二頁。

第三章

軍縮の時代に逆らう

――軍縮を求める国際世論と軍縮会議――

はじめに

本章では軍縮を求める国際世論を背景に、国際連盟主導で開催されたワシントン海軍軍縮会議（一九二一〈大正一〇〉～二二年）およびロンドン海軍軍縮会議（一九三〇〈昭和五〉年）への日本政府の対応過程で露呈された海軍の軍拡派と、これと連携する陸軍軍拡派の動きを追う。

このあまりにも有名な二つの軍縮会議への後世の評価は厳しい。だが、第一次世界大戦（以下、WWIと略す）の教訓を得て、国際組織が主導して実行された軍縮会議は、例え不充分だとしても、極めて重要なエポックであったことは間違いない。

それまでの軍縮は、一国内における事情のなかで実行されるケースがほとんどであり、強大な軍備を保有する軍事大国が協議するなかで軍縮に踏み込んだ事例は稀有と言えた。もちろん、その不充分性や軍事大国の自己都合が露呈され、総じて妥協の産物と一蹴することは容易であるが、軍縮史の大きな前進という評価は決して間違いではないであろう。

その前提の上で、本章では軍縮を求める国内外の軍縮世論の動向を横糸に置きながら、二つの軍縮会議への日本政府の対応と日本海軍の対応を縦糸に据える。さらに、直接の当事者でなかった日本陸軍が、海軍軍縮条約の内容に介入していく過程をも追う。当該期において戦争の勝敗の帰趨は、空軍力が未発達な段階にあって決定要因は海軍力であった。それだけに、海軍力を相殺していくことが軍事大国諸国間の、ほぼ共通の観念・常識となっていた。

それがゆえに海軍軍縮が陸軍軍縮に先行する形で繰り返し国際連盟を舞台に俎上に挙げられていく。そうした海軍軍縮に、近い将来想定される国際レベルでの陸軍軍縮の可能性を予測した日本陸軍は、この海軍軍縮条約に執拗に反対の論陣を張ることで、懸命に牽制行為を繰り返す。行財政整理という重大な政治課題に取り組むためには、その前提として軍縮が不可欠と説く濱口内閣は、それゆえ海軍、そして陸軍と激しく対立する。

そこでは、国家運営の基礎たる行財政問題以上に、国防を絶対視し、如何なる経済状況あるいは国民生活状況であっても、それに優位な位置を占めるのが国防とする徹底した国防至上主義が、陸・海軍の軍拡勢力から再三再四主張されていく。この非合理的な判断が如何なる言説で展開されたかを本章で追う。

そこで問題とされたのは「統帥権」であり、これによって軍縮の動きを封印しようとする陸・海軍の独善性が、最終的には〝国外クーデター〟と言える満州事変を引き起こしていくのである。

1　国際軍縮問題の発生

ワシントン海軍軍縮条約締結

世界史上初めて体験する甚大な戦争被害は、ＷＷＩの終了後、国際世論において、二度と戦火を交えるような国際社会にしてはならないとの深い反省と、国際平和への関心が急速に広まっていく。この国際平和の実現を目的として、一九二〇（大正九）年一月に創設された国際連盟は、その後軍縮実現の具体的な行動を開始する。すなわち、二〇年一一月、第一回の連盟総会の場で、軍縮について、第一段階が軍備の制限、第二段階が軍備縮小、そして第三段階が軍備撤廃と三段階に区分していくとする計画を打ち出す。

それと同時に軍事専門家により構成される「常設軍事委員会」を設立。続いて翌一九二一年二月一五日には非軍人をもメンバーとする「混成委員会」を設立。同委員会では国際軍縮の困難性もあって明確な行動指針を提起するに至らなかったものの、同年一一月一二日に開催された海軍主力艦の制限等を議論するワシントン会議が取り敢えず成功裡に終結したこともあって、まずは海軍軍縮への動きが活発化していく。[1]

このワシントン会議は紆余曲折があったものの、最終的には一九二二（大正一一）年二月六日に「海軍軍備制限に関する条約」が国際連盟の場で採択される。それはアメリカ・イギリス・日本の三大海軍国にフランスとイタリアを加え、各国の戦艦と航空母艦保有の上限が設定されることになる。

こうした軍備制限の発想が生まれた背景には、WWⅠ後、戦勝の勢いにのって連合国の特にアメリカの「ダニエルズ・プラン」（三年艦隊計画）や、日本の「八・八艦隊計画」に代表される軍拡計画の存在がある。とりわけ、日本の戦艦八隻と巡洋艦八隻からなる通称「八・八艦隊」の建造費は、国家予算の三割に相当する巨費であった。

制限案は主力艦の建造を以後一〇年間凍結し、艦齢が二〇年以上の艦艇を退役させる代替艦としてのみ建造を認めるというもの。その場合、いかなる新造艦も主砲口径が一六インチ（四〇六ミリ）以下で排水量は三万五〇〇〇トン以下に制限。こうして締結国がもてる主力艦の保有トン数比率をアメリカ＝一〇、イギリス＝一〇、日本＝六、フランス＝一・六七、イタリア＝一・六七とした。

日本は首席全権の加藤友三郎海軍大臣（本書一一四ページなど参照）の判断もあり、太平洋（フィリピン、グアム）の防備制限と引き替えに受諾に踏み切る。日本としては、厳しい国家財政のなかで艦隊建造費を節約でき、併せて太平洋に関する四ヵ国条約と相まって、西太平洋における日本の制海権を実質的に保障したものと受け取ったからである。客観的に見れば、極めて合理的かつ有意義な軍備制限条約としてあったのである。しかし、日本海軍部内では対米七割を主張する勢力が、条約締結に大きな不満を抱くことになった。この「対米七割論」は、後のロンドン海軍軍縮条約問題時にも再び浮上する。

軍縮準備委員会の設置

ワシントン海軍軍縮会議により、日本、イギリス、アメリカ、フランス、イタリアの五大海軍国以外にも、主力艦を保有するアルゼンチン、チリ、デンマーク、ギリシア、オランダ、ソ連を加え、主要国の主力艦制限の成果を広めるための努力が行なわれたが暗礁に乗り上げる。いわゆるローマ会議(一九二四〈大正一三〉年二月)の失敗である。

その後、国際連盟は一九二四年四月九日、イギリスのマクドナルド首相により「国際連盟平和議定書」(ジュネーブ議定書)が提案される。しかし、これも上手く行かず、代わって同じくイギリスのボールドウィン内閣のチェンバレン外相により提案された「地域的集団安全保障条約」(ロカルノ条約)が、一九二五年一二月一日、ロンドンで正式調印される。

ロカルノ条約の中核部分は、イギリス、フランス、ドイツ、イタリア、ベルギーの五ヵ国を中心とする地域的集団安全保障体制の構築を目標としたものであり、国境を跨ぐ平和条約であった。その精神を踏まえ、以後軍縮実現への展望を抱かせる。

こうしたヨーロッパにおける平和体制構築への展望と気運を背景として、同年一二月に世界一九ヵ国から構成される国際連盟軍備縮小会議準備委員会(以下、軍縮準備委員会と略す)を設立。この軍縮準備委員会こそ、一九二七年のジュネーブ会議、一九三〇年のロンドン会議の開催と運営に重要な役割を果たす組織となったのである。

WWⅠ後の日本陸軍軍縮

WWⅠ後、大戦参戦諸国間では戦争終結後、過剰に膨らんだ軍備削減が焦眉の課題となっていた。日本でも国内外の軍縮世論が沸騰するなかで、衆議院の場で陸軍経費四〇〇〇万円の節約決議案が可決したことも世論の動向を受け止めた結果である（この時期の議会での動向は本書九九～一〇一、一一四～一一九頁参照）。

そうした日本の動きはアメリカのメディアにも関心を呼び、一九二二（大正一一）年三月二九日付の『シカゴ・デイリージャーナル』には、「日本人の十人中九人迄は無用の軍備と好戦的政府を廃し、重税の負担に苦め来たり。其の代議士は政治的実力微弱なりと雖も然かも其言動は一般人民の意思を発露するものなり」と軍縮実現を要求する議会人の活動を評価する。これはアメリカのメディアの日本に対する反応をフォローしていた在シカゴ領事桑島主計が外務大臣内田康哉宛に提出した報告書「戦後に於ける帝国陸軍軍備縮小に関する件（大正一一年三月二八日）」[2]に収められた情報である。

桑島は、同年七月一〇日にも内田外相宛に『シカゴ・トリビューン』の掲載記事を伝えているが、その記事は先ほどの『シカゴ・デイリージャーナル』とは若干異なり、かなり辛口の論評である。なお、一九二二年段階で日本の陸軍兵力は二七万二〇〇〇人から縮小後は二一万六〇〇〇人と六万人程縮小していた。それに引き換えアメリカは一二万五〇〇〇人規模となっていた。

「両国陸軍縮小の比較は極めて興味ある問題なるも、単に其の兵員数のみより軍の実力を正確に対称とすることを得ず。蓋し日本の計画せる縮小は主として形式の縮小にして、軍の大組織たる師団数には尠くも変更なく、単に大中小隊の如き之れが組織部隊の数の減少に止まり、返つて大砲、機関銃其他新兵器等の充実を計るが故に、日本の軍縮は兵員の減少に拘わらず、寧ろ其の実力を増加するものと云ふべし」[3]

確かに辛口の批評だが、アメリカのメディアからすれば正鵠を得た論評である。師団数の減少なくして、実際的な軍縮は在り得ないとする批判は、その後日本の軍縮の在り方の再検討を余儀なくされる。それが後の宇垣軍縮にも繋がっていったと見ることができよう。

軍備制限方式をめぐって

国際軍縮の動きも急となるが、当該期における国際軍縮を主導した軍縮準備委員会は、三つの小委員会から構成。その中心となったのは、海軍六大国（日本、イギリス、アメリカ、フランス、イタリア、ドイツ）とベルギー、ポーランド、アルゼンチンの九ヵ国の代表から構成される起草委員会である。

軍縮準備委員会における最大の争点となったのは、軍備制限方式である。そのなかでも明確な相違として俎上に挙げられたのが、イギリスの提唱する「艦種別制限主義」とフランスが提唱する「総トン数制限主義」である。前者には日本、アメリカ、アルゼンチン、チリが大枠で賛成し、後者にはイタリアなど比較的小規模海軍保有国が賛成。この二つの主義では調整がつかないまま、制限方式の最終合意は得られないまま推移することになる。

こうした状況のなかで日本政府の対応はどうであったか。一九二六年三月二五日、第一次若槻礼次郎民政党内閣の幣原喜重郎外務大臣は、杉村陽太郎国際連盟事務局次長宛に日本の軍縮準備委員会代表委員宛に訓令案を送付している。

同訓令案は、各国が公正な軍備制限協定の成立に向けての努力に、日本も正面から取り組むとしつつ、この時点では日本の態度を鮮明にせず、各国の動きを注視するに留めるもの、と言った内容。要するに、日本の態度は消極的な姿勢であり、軍縮を主導する意欲は見られなかった。それは軍備制限方式をめぐる各国の調整に時間を要すると踏んだことと、何よりも日本の軍縮方針が必ずしも固まっていなかったことによる。

軍縮準備委員会は、その後も混迷の度を深めるばかりであり、それがまた日本を含め各国の軍縮方針が揺れ動く要因ともなっていたのである。そうした動きも手伝って日本海軍部内では、軍縮への抵抗感が生まれもしていく。

海軍の軍縮対応

ところで、第一次若槻内閣を継いだのは、陸軍の出身で陸軍大将の田中義一（本書一〇三頁など参照）である。田中は、陸軍軍人のなかでも、いち早く総力戦段階に適合する軍隊の要請に腐心した人物。田中は早くから政治に関心を寄せ、実際に当時の二大政党のひとつであった政友会に接近し、総裁に抜擢される。その背景に、そうした軍備充実のためには、一九二〇年代の政党政治の時代との連携が不可欠とする認識への評価があったのであろう。

　その田中は、一九二九（昭和四）年に総理大臣に上り詰める機会を掴んだ。田中は強硬外交で知られる対中国政策や共産党弾圧など内外政策で強面の政策を行なう。さらには張作霖爆殺を行なった日本陸軍を庇ったことなどもあって、志半ばで退陣を余儀なくされる。

田中内閣は総辞職する直前の一九二九年六月二八日の閣議で、「軍備制限対策の件」と「軍備制限に関する件」とを決定。特に後者において海軍軍備の目標を補助艦に限り、世界最大の海軍（日本にとってはアメリカ）に対し、最低七割程度の兵力を必要とすることが決められた。

　この閣議決定は、折からの軍縮を求める世論に対抗して、行き過ぎた軍縮に枠をはめることで、軍縮に歯止めをかけようとするもの。その限りで、田中が構想してきた合理的軍装備充実という方針から大きく外れるものではなかった。田中は決して軍縮論者ではなく、あくまで総力戦段階に適合する軍備充実のため、政府が世論とある程度は折り合っていく必要があることを自覚していたのである。

　一方、海軍側の軍縮への対応はどうであったか。一九二九年六月二八日、海軍大臣岡田啓介は、「軍備制限問題対策の件」と題する文書のなかで、まず今回の海軍軍縮の動きでは同年春ジュネーブで開催された軍縮準備委員会におけるアメリカ代表ギブソンの発言に注目する。すなわち、「軍縮事業は今や制限と云ふが如き消極的態度を捨て、積極的に大減縮に向て邁進すべきの時機に達せりと認む[4]」の部分である。それは、軍縮への決意を披瀝したものであった。なお、以下の出典は、断りなき場合、すべて同文書からである。

同文書にはこのほかにも、「軍備制限に関する帝国の方針」の「一、軍備制限に対する帝国の態度」として、国際軍縮会議に臨む海軍の基本姿勢がつづられている。その冒頭で、「軍備を縮小し、国民の負担軽減を計り、以て世界平和の維持に寄与せんとする崇高なる企画に対しては、帝国の真摯なる態度を以て列国と協調するに努むべし」と記す。まずは型通りの言葉を据え置いたうえで、次のような文面を記す。

「列国間の軍備制限は公正且合理的ならざるべからず。且又特殊の国情に在る国家に対しては之が国情を充分考慮すべきものにして、若し夫れ国家自衛上安全確保を期し得られざる如き縮小案は、世界的軍備縮小なる大事業の真目的を達成する所以にあらざるものと認む」

要するに、表向きは国際軍縮世論の動きを正面から受け止め、国際社会との協調する用意があることを示す。同時に日本の国防に齟齬を来す可能性があると判断した場合は、その限りではないと予防線を張っていた。「国家自衛上安全確保」に棄損を結果する場合には、日本独自の尺度や判断を優先させるのが当然だとしたのである。

海軍軍備の最低目標

ならば具体的な海軍軍備はどのようなものか。

「二、帝国海軍々備の目標」には、「帝国海軍軍備は一に受動的に国家の自主的独立を擁護することを目的とし、素より何等侵攻的意図を有するものにあらず。従て自衛的作戦方針の要求を充し得る」範囲の軍備が不可欠だとする。それで当面の課題となっている航空母艦や潜水艦など補助艦に関しては、「世界最大海軍に対し尠も七割程度の兵力を必要と認む」とする。

そのうえで、「三、制限方式」として、「保有兵力量に関しては、軍備制限に基き軍備の縮減を期するに務め、苟も拡張に亘る如きことなきを要す。比率に関し帝国は量的不平等を認むるの不得已る現状にあるも、国家自衛平等の主義に則り、国防的平等を期せんとするものなり」と苦しい立場を表明していた。

海軍が示した以上の主張、とりわけ海軍の第一仮想敵国であった対米七割の線は、次の濱口雄幸内閣にも受け継がれる。海軍においても、同年七月九日に海軍軍令部第一班長（作戦担当）百武源吾少将が海軍大臣名による「軍備制限問題対策の件」および「軍備制限に関する帝国の方針」をまとめている。この内容は、以上の文書と同様のものであった。ここにも対米七割の主張が強く打ち出されており、百武少将は、この内容をもって陸軍側にも諒解を求めようとしたのである。

2　陸軍の介入

参謀本部の動き

これに対して、一九二九（昭和四）年七月一〇日、参謀本部第一部長（作戦担当）畑俊六少将は、「海軍軍備制限問題に対する意見」を作成して応える。百武少将が作成した文書と、ほぼ同様の内容である。畑少将はこれを陸軍省に届け、同意を取り付けた後、海軍軍令部に百武少将を訪ね、これが陸軍全体の見解である旨を通告。参謀本部第三課も課長谷口元治郎陸軍大佐の名をもって、「海軍軍備制限問題対策に対する意見」と題する文書を作成していた。

ここで参謀本部は、海軍軍備が欧米主導の軍縮会議により制限されることに対し、不安な点を次のように記している。

「主力艦六割、補助艦艇七割にて国防自衛力充分なりや。又帝国の要求する補助艦艇の噸数大凡幾何なりや。又軽巡洋艦以下の小艦及潜水艦に於ては自主的所要量を主として考慮すべきものなりとは如何」

ここで注目すべきは、主力艦とは別に、補助艦艇について「自主的所要量を主として考慮すべきもの」と強調しているところである。この点は、海軍軍令部が特に強調しているところでもあった。本節冒頭で述べた七月一〇日付「海軍軍備制限問題に対する意見」でも、やはり以下の点が特に強調されている。

「今次海軍々備制限が主力艦より更に一歩進めて補助艦艇に迄及ぶに於ては、帝国々防特に其特殊状態に鑑(かんが)み、同時に太平洋島嶼(とうしょ)における軍備制限範囲の改訂に及ぼすを必要とす。蓋(けだ)し往年の謀議制限に於ては、帝国は著しき片務的制限を受けしも、問題補助艦艇に触るゝことなかりし為、已(や)むなく忍び得ざるを忍びし迄なり」

つまり、先のジュネーブ海軍軍縮条約では軍艦や巡洋艦などの主力艦の制限が決定された折、苦渋の選択を強いられた経緯があったと言うのである。その折に不足分を補うために日本海軍は、航空母艦や潜水艦など補助艦艇の充実によって国防の穴を塞ぐ努力をしてきたものの、今度はその補助艦艇にも制限を加える軍縮会議に臨もうとしている、とする認識を吐露(とろ)していたのである。

そしてこのまま補助艦艇制限を推し進めるならば、以下の条件が不可欠だとする。

「従来の片務的制限を改め、帝国の防備は現状に止めて英の新嘉坡(シンガポール)、米の『布哇(ハワイ)』『アラスカ』の防備を制限する必要なりと思惟(しい)す。況(いわん)や海軍の如く補助艦比率さらに不利にして、七割程度を以て甘受せんとするに於ておや。而して此の制限範囲改訂は帝国の正当なる要求にして英米の当然負ふべき義務なりと信ず」

真っ向から補助艦艇制限を否定するものではない。ただその条件として、イギリスはシンガポール、アメリカはハワイやアラスカの防備強化を緩和し、たとえ日本の補助艦艇保有量が削減されたとしても、日本の国防に齟齬(そご)を来さないという点が確約された場合には、軍縮条約の締結に前向きとなるとするものである。陸軍は、この趣旨を政府にも明らかにすべきだとした。

海軍側の反応

こうした陸軍側のスタンスに海軍側はどう対応しようとしたのか。七月三一日、海軍軍令部次長末(すえ)次信正(つぐのぶまさ)は、海軍首脳を招待した席上で、海軍軍縮をめぐる報道は大体新聞が論じている通りだとしたうえで、以下のごとく述べている(一は略す)。

二、防備制限区域に就ては現在我国に比較的有利なり(例えば比島(ひとう)〈フィリピン諸島〉、瓦無島(グアム)の現在程度に止めあることの如し)。故に我国としては本問題に触れざる腹なり。

三、補助艦制限に就て（過般華府会議〈ワシントン会議〉に於て一概に六割と口を滑らせることあり）。元来我海軍は東洋海面に現はるる敵艦隊を邀滅する方針に基き其兵力を決定せらるべきものにして、七割を以てして米艦隊と同等の戦闘力を有するものにして、七割を下ることを許さず。米国当局に於ては此七割の均勢を破らんとするものの如し。若し噸数に関係なく一概に絶対的に制限する場合に於ては時として八割若くは此以上を必要とすることあるべし。

日本海軍の対米戦略が、「漸減邀撃」を採用していることは知られている通りである。すなわち、アメリカの艦隊が日本に侵攻してくる間に、航空母艦や潜水艦など補助艦艇によって可能な限りアメリカの海上戦力を削ぐこと。そして日本に接近した折に主力艦である軍艦や巡洋艦などによる、いわゆる艦隊決戦で撃滅を図るというものである。その意味でも日本海軍としては、補助艦挺の充実が不可欠であったのである。

日本海軍が伝統的に対米七割の線を保守すれば、大西洋と太平洋の二つの大洋に面するアメリカの海上戦力と同等以上の戦力比を確保できるとする。それゆえに、逆にこの対米七割が破られれば、日本の対米戦略自体に大きな穴を生じることになると。そのうえで、対米戦争を優位に計画するためには、「八割若くは此以上を必要」とする主張が出てきたのだ。この主張も要するに対米七割の線を固定化するものであった。

こうして陸海軍間で軍備制限問題に関する調停が続いている最中、一〇月一七日にロンドン軍縮会議への招請状が到着し、それに対して日本も参加する旨の回答が同月一五日の閣議で決定される。[5]

ロンドン海軍軍縮会議の開催

ロンドン海軍軍縮会議は、一九三〇（昭和五）年一月二一日より開始される。内閣は濱口雄幸内閣（一九二九年七月二日成立）である。会議自体幾度も行き詰まりを見せたが、二月二六日から始められた個別会談方式が成功し、三月一四日に日米間で最終的な協定が成立。

この協定によると総括的比率は対米六割九分七厘五毛、対英六割七分九厘であった。日本全権はこの協定案を討議したうえ、三月一四日、全権連名で本国の承認を得るべく幣原喜重郎外務大臣に請訓。請訓電報は翌一五日に到着し、その日のうちに幣原外相と濱口首相は、これについて協議を行ない、海軍には山梨勝之進海軍次官に協定案を提示し、海軍部内の意見を纏めるよう依頼。

日米協定案に対し、海軍部内では、海軍省と海軍軍令部で協定案の是非をめぐり激しい対立・論争が生じることになる。海軍軍令部では軍令部長の加藤寛治大将、軍令部次長の末次信正中将を中心に強硬な反対の論陣を張り、これに軍事参議官であった伏見宮博恭大将と海軍の長老である東郷平八郎元帥が同調。

特に伏見宮博恭大将と東郷平八郎元帥は終始日米協定案に対する反対の意向が強く、これを承認するならば会議自体決裂したほうが良いという姿勢であった。これが後の加藤大将の強硬姿勢の後ろ盾となっていたのである。[6]

これに対し海軍省側は海軍次官山梨勝之進中将、軍務局長堀悌吉少将らを中心にして比較的穏健な姿勢で対応していた。そのことは彼らの見解を実質的に代表していた軍事参議官岡田啓介大将が述べた「止を得ざる場合最後には此儘を丸呑みにするより致し方なし。保有量此程度ならば国防はやり様あり。決裂せしむべからず。但し尚一押も二押もすべし」[7]という言葉で知ることができる。

確かに海軍軍令部と海軍省の見解は、その強硬さにおいて隔たりがあった。しかし、海軍軍令部起草の「三大原則」の貫徹を目指すという点では一致していたのである。[8]

「三大原則」とは、一九二九年一一月二五日の閣議で決定されたもの。それは、㈠補助艦の総括保有量対米七割の維持、㈡大型巡洋艦（八インチ砲搭載）の保有量対米七割の確保、㈢潜水艦の現有勢力（七万八五〇〇トン）の維持、のことである。この原則の主眼は、あくまで㈠にあり、この条件を貫徹するためには、軽巡洋艦と駆逐艦の削減は譲歩も仕方なしとするものであった。この段階で、特に海軍の軍縮方針がほぼ固められていたのである。

もっとも政府としては、この時点で既に日米協定案が最終的な妥協案であって、これが限界であるとみなしており、「一押も二押もすべし」とする海軍省側の見解をも含めて海軍部内の反対の意向を無視せざるを得なかった。こうした政府の姿勢に対し、海軍省側は次第に譲歩するに至る。一九三〇年三月二八日、岡田大将は山梨中将と協議した際、「請訓丸呑みの外道なし、但し右米案の兵力量においては配備にも不足を感ずるに付政府に是が補充を約束せしむべし」[9]とする政府との妥協的見解を述べる。これによって加藤大将らの強硬派と対立するに至った。

強硬な条約反対派

政府との妥協の必要性を承知した岡田大将は以後海軍軍令部、特に加藤大将に対し、政府と妥協するよう説得工作を開始。海軍軍令部自体は必ずしも妥協に同意する見解を吐露しなかったが、三月二九日、伏見宮大将は岡田大将に対し、「海軍の主張が達成せらるることは甚だ望ましきも、首相がすべての方面より帝国の前途に有利なりといふ考えにて裁断したとすれば、これに従う外あるまい」[10]と述べる。

これまで強硬派の有力な一人であった伏見宮大将が、一応同意を示したのは大きな成果であった。政府の回訓案が三月三一日に脱稿し、四月一日の閣議にかけられ、海軍省とも十分な協議を経て天皇に上奏。その後直ちに日米協定案に賛成する旨の訓電がロンドンに向けて発せられる。

四月一日の政府回訓案に対して、海軍軍令部を中心に条約反対論は依然として強かった。それらは国防兵力量の不足による国防への不安を抱いたもの。加藤大将が四月二日に行なった帷幄上奏も、要するに「三大原則」による補助艦保有量は我国の最低限の兵力であり、回訓案では帝国海軍の作戦上重大な欠陥を生ずる恐れがあるから、回訓案の審議には慎重を期するようにしてほしいと言う。

軍令部長加藤大将は、帷幄上奏を行なう前日、記者団に対して次のような談話を告げる。

「外務省案はまだ見ていない。然し大体の見当はついている。私はあくまでも国防の重責を完了する為海軍を指導していく決心である。私は神の命ずる儘（まま）に御聖慮を煩はさないように私の決心に従って私の行動をとるつもりである。そして一両日中に上奏することはない。政争の渦中に誤って引き入られ、或は政争の為の行動であると誤解される事を虞（おそ）れるものである」[11]

政治や世論に関係なく、「神の命ずる儘に御聖慮を煩はさないように」判断していくと言う。海軍強硬派を象徴する物言いである。

加藤の言う「私の決心に従って私の行動をとる」とは、要は議論を重ねるなかで日本政府の見解を集約していくという合理的なる方法を拒絶し、いわば自らの判断の枠組みのなかでしか対応しないとの姿勢を示すもの。また、「一両日中に上奏することはない」と言いながら、翌日には上奏しているのは苛立ちの表れだろう。

こうした議論への道を塞ぐ行為は、そこから妥協や合意を引き出していく機会を最初から拒否するものである。いわば海軍は陸軍との連携のなかで、閉じ籠りの状態に身をおこうとしたのである。

陸軍省軍事課の判断

ロンドン海軍軍縮会議における補助艦艇の制限問題が議論されるや陸軍も、その審議過程に強い関心と警戒の姿勢を示す。そのことを示すのが以下の史料である。すなわち、陸軍省軍事課の一九三〇（昭和五）年四月一七日付「倫敦（ロンドン）会議に関する質問結果　陸軍にも関係を及ぼすべき事項に就いて」[12]

である。そこでは早くも強い危機感すら募らせていた。以下に示す史料は断り無き場合、ここからの引用である。

一、倫敦会議進行中所謂請訓問題に於て海軍大臣事務管理（又は政府）は軍令部方面の意見に耳を藉さず、其の意に反したる結果を回訓せりと云ふ事実如何又如何なる権限に基けるものなりや。

二、国防に要する海軍兵力の決定は軍令部長の主管する所にして、これを事務管理（又は政府）に於て決定せしは統帥権の侵害ならずや。

三、右に関し陸軍の所見如何。

四、事実今回政府の取りたる手段は国際平和の大局より見て適当なる処置と考ふ。〈けれども―引用者〉是れ従来軍部方面に於て固執せし統帥なるものの範囲に就き、事実上不合理の点あるを暴露せしものと云ふを得べし。軍部の所見如何。

五、今回の事例を見て国防兵力決定の如きは政府の主管する事項と見て差支へなきや。

六、軍令機関の政府以外に独立するは今回の実例に示す如く国務遂行上に一大障碍を与ふ。此際之が独立を廃止しては如何。

七、軍令機関の管掌範囲を縮少し、国務と関係なき純然たる軍の指揮運用の機関とするを適当と考ふ。政府は其の意志なきや。

八、軍令機関現行の管掌範囲を明確に承知したし。

九、国防兵力決定の如きは重要なる軍務なりと思考す。海軍は今回の軍縮に関し、軍事参官会議に御諮詢（しじゅん）を奏請（そうせい）せしや否や。

これは陸軍軍事課のこの時点での姿勢の一端をよく表している。すなわち、政府の回訓案は兵力の決定権の所在について、海軍兵力の決定は軍令部長の主管であるから、その限りでは政府の回訓案は統帥権の侵害であるとしながらも、「五、今回の事例を見て国防兵力決定の如きは政府の主管する事項と見て差支へなきや」として、兵力決定は政府の管掌事項だとする譲歩と受け取れる判断の一端を示す。そのうえで、「七、軍令機関の管掌範囲を縮少し、国務と関係なき純然たる軍の指揮運用の機関とするを適当と考ふ」とする判断を示している点は注目である。

すなわち、これまで兵力決定権を統帥権の名のもとに軍令機関に存在するとの前提を踏まえつつ、軍令機関の管掌範囲を純粋に軍が指揮をとっている間だけに「縮少」するという意味は、兵力決定権を政府に委ねるとの立場を採る考えを示したとも解釈可能である。そして、軍令機関は純然たる軍の指揮運用に特化すると記す。この文書から陸軍省軍事課が統帥権問題には、柔軟な姿勢を採っていたことが判る。

しかし、同じ陸軍でも参謀本部の姿勢は微妙である。すなわち、参謀本部も第一課が中心となって政府回訓案の検討に入っているが、同年四月二三日付の文書では「一、倫敦会議の結果国防方針に変更ありや」とする質問設定に、「影響はあるも内容は発表できぬ」とする。さらに「二、陸軍作戦計画に変化の有無」では、「答弁の限にあらず」と回答を回避する。そして、文書の欄外に「第一項は海軍軍令部と協定済（軍令部と海軍省責任者と協定済）」とする添え書きが残されている。

この文書案は、その後何度も練り直しされるが、基本的に同様である。そこで一貫して強調されたのは、陸軍と海軍とが連絡を密にするという点だ。これに関して、陸軍側は海軍との連携が不十分であった点につき、軍事課が四月二八日付の「決定案」と題した文書において、以下の内容を記す。

「従来国防上陸海軍協同に就ては、両軍間に密接なる連絡を保持し、国防上陸軍の関する点に於て重大なる影響ある件に就ては十分協議をなし居（お）れり。今回回訓其のものに就き回訓直前協議なかりしは、陸軍に対し国防上重大なる影響なかりしものと心得へ居（お）れり」

額面通り読むと海軍に好意的な配慮を含んだ文面だが、実際には海軍側からの情報提供や陸軍との協議に消極的姿勢を採った海軍の姿勢に不満であった様子も窺い知れる。

陸軍としては以上の文書でも透けて見えるように、ロンドン軍縮会議が海軍の兵力決定に関わることであっても、軍縮という軍部にとっての重大案件については陸海軍が共同して対応する必要があることを強調した。このように強調したのは、何よりも陸軍の軍縮が俎上に上がった場合の対応のためにも、陸海軍が共同一致して軍縮の動きを抑制する必要性があると捉えていたからである。

3　軍縮反対論の論理

統帥権問題が俎上に

こうした比較的に合理的かつ穏健な姿勢を保持していた陸軍省の立場も目立っていたが、条約反対派を一層勢いづかせた問題が浮上してくる。それが統帥権問題であった。

統帥権問題が政治問題化した契機は、従来、一九三〇（昭和五）年四月二一日に召集された第五八回特別議会における論争を契機としたものであったとされている。だが、それよりも早くから問題にされていた。というのは、それより数日前の四月一九日付「統帥権問題に関し法制局当事者と問答の要旨」（以下、「問答要旨」と略す）が陸軍省軍事課によって作成されているからである。（なお、これは「四月二五日　第一部長軍務局長より受領　第一部第二課研究」の添え書きが記されている）[13]つまり、特別議会以前から、すでに統帥権問題が浮上しており、これへの対策を陸軍省軍事課が練っていたのだ。

同文書によると、四月一八日に法制局より統帥権問題に関して意見交換の要請があったとし、陸軍省側から吉本貞一（よしもとていいち）中佐（陸軍省軍務局軍事課高級課員）を法制局に出頭させている。そして、ロンドン海軍軍縮会議に起因して発生した諸問題を示し、海軍側とも意見交換を既に行なったと記す。それは全部で一二個の問答から構成されている。以下、しばらく「問題要旨」の幾つかを追ってみよう。

一、問　国際的に軍備制限を行わんとする場合、政府は某限度を以て協定せんとするも、軍令機関は国防上の見地より右限度迄制限を受くれば到底国防の責に任じ得ずとする場合、軍政機関は如何に処理すべきか

答　研究には理論と実際よりするものとあるが、本問題の如きは実際に即して考察せられ度。即ち軍政機関の制度にして現制の如くなる以上、陸軍としては最後の決定迄には幾多の紆余曲折ありとするも、結局は軍令、軍政、両機関の意見は必ず一致するものと考えあり。従て陸軍大臣が閣議に於て承認し、政府意見の決定をみたりとせば、該事項は其の反面に於て軍令軍政両機関の意見は一致しあるの証左と見るべく、従て本問題の如きことは理論としては起り得べきも実際としては生起せざるものと信じあり。

非常に穏健な想定問答である。それは次の想定問答として軍政と軍令の不一致の事態が国内的に起きた場合はどうか、とする問いに対し、両機関の不一致は生じないとする理由として、以下の点を挙げる。すなわち、かつての宇垣軍縮の折にも両機関の一致が実現しており、「国防用兵上の見地より参謀本部が自主的に四個師団に決し、その結果が某形式に於て閣議の決定を見たるものと解す」と。

最終的な師団廃止はまず軍令機関の承認を得たのち、軍政軍令両機関の完全なる意志一致の末に政府の決定に立ち至ったとしているのである。

同回答では、その点について「陸軍大臣と参謀総長との意見の一致を見ることなく、而も斯くの如き件が政府に於て決定を見ると云ふが如きことは、起り得ざるものと考ふ」と。逆に言えば、政府決定の前に作戦用兵の見地からの判断が優先されるとしたのである。

次に将来を見通したような質問である。

四、例えば今茲に偉大なる効力を有する新兵器の発明を見たりとせんが、該兵器は人道上の見地より国際的に之が使用を禁止せんとし、政府は該条約締結に決す。然るに参謀総長は用兵上の見地より絶対に之を不可なりとせば、陸軍大臣は之が取扱を如何にすべきか。

もちろん、この時点で「新兵器」が原子爆弾や細菌兵器などの登場を具体的に想定していたわけではない。言わば絶対兵器の出現それ自体は兵器開発が進展すれば想定可能であったわけで、そうした事態が発生した場合に参謀総長の権限が何処まで発揮可能かは、陸軍側にとっては重大な問題であった。これに対して、法務局の回答は以下の通りである。

答　政府の決定を見る迄には、陸軍大臣としては参謀総長と終始密接なる連繫を保持し、事実該条約が人道上必要とする場合には政府の意見決定迄に軍令軍政両機関は必ずや完全なる意見の一致を見るべきものと信じあり。

国際条約の規制力を合理的に捉える見解である。国際条約である以上は、それに従うことが当然でもあり、続けて「国際的に禁止とするものなる以上、軍令軍政両機関意見一致は比較的容易にして質問者の如き結果を生ずることは尚更なきものと信じあり」と記す。ただ、これはあくまで法制局の見解。

そうした回答を受けて、陸軍側は「然らば左様の事が軍が国内的に起り、政府が之を法令を以て禁止する場合如何」との質問を発する。それに対する法制局の回答は以下の通りである。

答　此の場合には前項とは自ら関係する所を異にすべく、事実該法令が作戦上の見地より不利とする場合には、規制の軍政長官なる以上、当然右の禁止には同意せざるべく、従て政府として該法令案は成立せざるべく、政府が統帥権を侵害云々の如き問題は発生せざるものと信ず。

ここでの法制局の見解は、陸軍側に擦り寄ったものであると言える。国際法の規制力を認知しながらも、国内法によって新兵器の開発導入などの軍拡に対し、国内における法的規制力を設定することはありえず、従って統帥権侵害問題の発生の可能性はないとする。

この回答は極めて微妙な問題である。「新兵器」が具体的に何を示すかは曖昧だが、換言すれば相手側がいわゆる「新兵器」によって事実上戦力強化を図った場合には、これへの対抗上、必然的に対応処置としての事実上の軍拡は認知される、と解釈されるからである。そこで統帥権問題発生が想定されていないとすれば、「新兵器」の開発導入という形での事実上の軍拡が許容されていく可能性が出てくる。これもまた軍拡の論理として陸軍側にとっては好都合であった。

最後の決定権と敗戦責任の所在

近づくロンドン海軍軍縮会議の締結をめぐり、焦眉の課題に直接に確認する質問を次に発する。ある意味で生々しい問いである。

六、海軍側には軍令部は作戦用兵上の見地より所要の兵力を要求すべく政府は財政上其の他、国際関係等より軍令部の意見を忖度（そんたく）して決定すべく、即ち最後の決定権は政府に在りとの見解を懐（いだ）くものあり。之に対する意見如何。

これは明らかに、政府の回訓案が海軍軍令部の意向を押し切る形で決定されたことを踏まえての質問である。その答えは次の通りである。

答　事実問題としては軍令機関の不満足なる結果にて纏めざる得ざることあるべきも、此の場合陸軍としては不満足に相違なきも、軍令機関と軍政機関との意見一致は必ず見るべきものと信ず。

質問に正面から回答しておらず、微妙な表現である。陸軍側の不満足を読み込んだうえで、それでも両軍令機関の意見一致を期待していると見るのか、それとも政府の決定に不満であれば両軍令機関が一致して反対の意向を貫徹するのが妥当と言っているのか、敢えて曖昧にしている。意見一致により政府の決定に従えと、暗に仄(ほの)めかしていると取れなくもない。

この点、法制局としては、完全に政府寄りでも、陸軍寄りでもない苦しい立場なのかも知れない。そうした論点の曖昧さが次のストレートな質問においても露見される。それは陸軍側がここで質問事項として敗戦責任の問題を持ち出しているのである。

もちろん、ここで言う「敗戦」が如何なる戦争を想定して結果としての「敗戦」を示しているのかは想像するしかない。具体的には、「斯(か)くの如き場合、敗戦の責任は軍令、軍政何れの機関が負ふべきや」というものである。それへの回答は以下の通りである。

答　責任なる字義に就きては種々学者に於て見解あり。此の場合の責任が如何なることを意味せしむべきや不明なるも軍に机上の論として簡単に考あるときは本来陸軍としては軍令、軍政両機関の意見の一致を見ざる軍隊が出来居ることはなきものと信じあるを以て、敗戦が平時訓練又は戦場に於ける軍隊の指揮運用の欠陥に原因したりとすれば、軍令方面に不都合なる点ありと見るべく、又実行し得る範囲内に於て軍令機関が怠慢か、計画の不備等の原因に依り資材整備及之が補給等の円滑ならざりしことが敗戦なる事実の基因を為したりとせば、之は軍政機関に不都合の点ありと見ることを得べきか、然れども実際に於ては幾多の事情の錯綜するものあるべく、然ば簡単には判定し得ざるものと考ふ。

敗戦の原因として軍政・軍令両機関の瑕疵ある場合には、その責任を負うべき可能性あることを示唆しつつも、敗戦の意味の確定や敗戦原因の総合性に留意しながら、直接的な言及を回避している。ただ、陸軍側がこの時期に敗戦原因や敗戦責任の文言まで使用して、陸軍としての戦争責任問題が発生する可能性を踏まえて、統帥権問題に言及しているのは注目される。

陸軍側の論理としては、こうした敗戦の可能性を削ぐためにも、十分な国防力の充実、換言すれば恒常的な軍拡政策が不可欠であることを暗に強調している、とも解釈可能であろう。さらに言えば、国防力強化＝軍拡を許容しない政府や議会の姿勢を牽制し、最終的には軍拡の成果を挙げていく姿勢を貫徹しようとする意志をも見て取ることが出来る。実は、こうした陸軍の姿勢こそが、軍縮政策を抑制しようとする一連の流れを形成していたのである。

「問題要旨」はさらに続くが、最後の纏めの部分では、「以上を以て大体問答を了したるが、法制局当事者が予想せし陸軍側の見解と大差なしとの事にて両三日中に陸、海、外務関係者の会同を得て対議会答弁の打合せを為し度考なりと漏せり」と締め括っている。

ロンドン海軍軍縮条約の締結をめぐり論争の場が議会に移る前に、陸軍は海軍および外務省とも、さらに協議を重ねて軍縮の流れを極力最小化しようとする準備を着々と進めていたのである。

議会内外での論争始まる

さて、濱口内閣が発出した回訓案をめぐり、対英米比率において七割を主張する軍令部とこれを側面から支持する陸軍、さらには軍縮条約が英米中心による日本への強制的軍縮として受け止める右翼勢力を巻き込んで、ある意味華々しく論戦が展開する。

濱口民政党内閣は毅然として軍縮会議に臨み、対英米比率が七割程度であれば受諾することで世界の軍縮を求める流れに沿い、同時に軍事費の削減に繋げ、財政の立て直しを図りたいとしていた。しかし、野党政友会は第五八回特別議会開会以前から政府の回訓案に反対していた。その反対理由は国防力の不足を招く恐れがある、とするもの。そこで、政友会の政府回訓案に反対する声明を見てみよう。

「元来国防は一般政務と認むべきでない。天皇を輔弼して国防に直接参加する責任の所在は海軍に於ては軍令部であり陸軍に於ては参謀本部である事は何人も承知している処である。国務大臣には国防上直接責任は無いと見ることができる。直接責任なき国務大臣が直接責任ある軍令部の強硬な反対意見ある事を知りながら敢て之を無視して決定したが、現在及び将来に及ぼす政治上の責任は恐るべきものがあると認めなければならない[14]」

この声明は、国防の責任は軍令部と参謀本部の軍令機関にあって陸軍大臣及び海軍大臣の軍部大臣には責任はないとするもの。明治憲法の軍政大権と編成大権の解釈を無視した内容であった。

それで、犬養毅政友会総裁（本書九〇頁参照）の第五八回特別議会での代表質問は次のようなものであった。先の声明と主旨はもちろん同様であるが引用しておく。

「総理大臣が政治的、経済的、種々な方面から断定致したと言はれますが、肝腎の国防力は是では出来ないと云ふことは全責任を持つ所の用兵の責任者たる軍令部は是では出来ないと云つているのであります。然らば何れが真であるか、軍令部は世を惑はすような言を放つて居るか、決して私はそうとは考へない。何に依つて之を断定されたるか、国防大臣は軍事専門家の意見を十分に斟酌したと申されて居る。併ながら軍事専門家の意見と言へば、軍令部が其中心でなければならぬ。軍令部は絶対に反対致すと声明を出して居るのであります。是では国民は安心出来ない[15]」

国防力不足を招くのは政府の責任であり、本来国防の責任は海軍の場合、海軍軍令部にあると述べたものだが、その法的根拠をまったく示していない。犬養の質問は、軍令部側の反対を押し切った内容の回訓案を発した濱口内閣の責任を問うことで、これを政争の具にしようとしたのである。

これに対して濱口内閣の反論は極めて明確である。すなわち、濱口内閣は「軍令部は帷幄の中にあって陛下の大権に参画するもので、軍令部の意見は政府はただ参考として重視すればいいので、何らの決定はないものだ[16]」と。美濃部達吉(みのべたつきち)博士の憲法学説を理論的根拠に、国防兵力の決定は内閣の輔弼(ほひつ)事項であると解釈。条約反対派に対し一歩も妥協することはなかった。

4　統帥権干犯問題

条約賛成と反対派の角逐

条約賛成派と反対派の対立は依然として続いていた。その対立の争点として、統帥権干犯が問題とされる。その最初の契機は、東京帝国大学教授美濃部達吉の論文である。

美濃部は、一九三〇(昭和五)年四月二日に加藤大将が行なった帷幄上奏への批判を次のように展開する。

すなわち、「陸海軍の編成を定ること、特にその大体の勢力を如何なる程度に定るべきかは、国の外交及び財政に密接の関係を有する事柄であって、それは固(もと)より国の政務に属し、内閣のみがその輔弼の任に当るべきものであり、帷幄の大権によって決せらるべき事柄ではない」[17]と。

これは統帥大権と異なり、編成大権は純粋な国務事項であると。直接には国務大臣である陸・海軍大臣が、最終的には内閣の責任において決定するのが当然であって、編成大権を帷幄上奏権を利用して左右しようとするのは、明らかな帷幄上奏権の乱用であることを説く。

当時の知識人のなかには、統帥権干犯論争に積極的に関わり、軍部の主張する統帥権干犯論争の非論理性や非妥当性を指摘する者が少なくなかった。

例えば、美濃部達吉「海軍条約と統帥権の限界」[18]、佐々木惣一「問題の統帥権　政府と軍備決定」[19]、吉野作造「統帥権問題の正体」[20]、同「統帥権独立と帷幄上奏」[21]、美濃部達吉「我憲法に於ける軍部と政府との関係」[22]、半澤玉城「倫敦条約批准に就き」[23]、尾崎剛「国民安全根拠明ならず」[24]、一軍事通「陸軍と統帥権問題」[25]などがある。

このなかで陸軍が最も警戒したのは美濃部達吉の言論活動である。その代表的な言論を少し追っておこう。外務省と拓務省（一九二九～四二年に存在した満州などの植民地統治に関わることを所轄）とが「論説（個人）」と題する記録を残している。[26]以下、同史料を引用する。

そこでは各種の新聞や雑誌に掲載された統帥権問題に関する論考が紹介されている。まず、美濃部達吉が『東京帝国大学新聞』[27]に掲載した「海軍条約成立と帷幄上奏軍令部の越権行為を難ず」の一部を引用しておく。これこそ、濱口内閣が海軍軍令部の主張を一蹴した根拠ともなった憲法解釈であった。

まず統帥権問題の争点であった軍令権の解釈について、「軍令は軍の統帥についての命令であって、唯軍隊の内部にのみ効力を有し、国法としての効力を有しているものではない」と喝破したうえで、統帥権を帷幄上奏権などを振りかざして政府を超越した権能を有しているのが軍令権だと主張する陸・海軍の軍令機関の動きを牽制して次のように述べる。本節の最初にも紹介しているが、行論上、再掲しておく。

「統帥の大権とは、軍統帥の大権である。軍統帥の大権は明かにこれを軍編制の大権と区別せねばならぬ。陸海軍の編制を定むること、特にその大体の勢力を如何なる程度に定むるべきかは、国の外交及び財政に密接の関係を有する事柄であつて、そは固より国の政務に属し、内閣のみがその輔弼の任に当るべきものであり、帷幄の大権によつて決せらるべき事柄ではない」

つまり、美濃部は軍令大権と軍政大権との区別を明瞭にしつつ、軍隊組織の規模を決定するのは軍政大権に属するものである以上、軍令機関が介入すべきものでも、ましてや決定する権能を保持しているわけではないとする憲法解釈を示す。至極当然の解釈づけであり、明治憲法の策定者も、軍の独走を抑制するためにも、そうした内容を明記した歴史的経緯があったのである。

さらに国家と軍隊の関係についても言及する。

「国家によつて設けられた軍隊は、自己の活動について国家の関与を受けずに自己内部の組織によってこれを統率し得べきことが認められて居るけれども、軍を設くることとそれ自身は固より国家の行為であって、軍自身の行為ではない」

これまた至極当然ながら軍隊は国家の一機関であって、国家は軍隊の一機関でない以上、軍隊の上位機関としての国家の命令に背くことは出来ないはずだ、とする。軍令機関としては、国家より天皇を上位の存在とみなし、その天皇と帷幄上奏権により国家を超越して直接に繋がっている、とする解釈を繰り返してきたが、それは明治憲法の示すところではない、ことを説いたのである。

こうした美濃部の憲法解釈には、少なからず報道機関も賛意を表している。例えば、『報知新聞』[28]では「軍縮問題の憲法論は簡単にして明瞭　美濃部博士の定論あり　国防の一切の責任は憲法上政府に属す」などの美濃部談を掲載している。また、『大阪毎日新聞』[29]は京都帝大教授の佐々木惣一「問題の統帥権　政府と軍備決定」を五回の連載で掲載して、詳しく軍令機関の違法性を解説。美濃部自身も先の『東京帝国大学新聞』と同内容の「海軍条約の成立と統帥権の限界」[30]を『東京朝日新聞』に、早稲田大学教授中野登美雄（なかのとみお）は「統帥権の独立と国務大臣の責任」[31]（『日々新聞』）などというように、学会の重鎮が次々と健筆を振るい、政府にも世論にも大きな影響を発揮していく。

美濃部、佐々木、中野等は当該期にあってリベラルな法学者として著名であったが、統帥権問題については海軍の長老的存在にもこれに同調する見解を表明する者もいる。

例えば、当時二度目の朝鮮総督に就いていた斎藤実(さいとうまこと)は、『日々新聞』[32]で「統帥権問題　政争の具にするな　今更問題にする方が間違ひ」とする見出しの下に、軍令機関の過剰反応を戒める発言を敢えて行なっていたのである。

陸軍側の抵抗

こうした動きの前後、陸軍側の抵抗は執拗を極めていく。陸軍のなかでも軍令機関である参謀本部の動きは特に顕著であった。一九三〇（昭和五）年五月二二日、参謀次長は軍令部次長を海軍軍令部に訪ねて協議した結果、「倫敦会議後始末に関する軍令部の態度」と題する記録を残す。[33]同文書の「二、統帥権問題」については、「軍令部は参謀本部と同意見にして其態度強硬なり。但兵力問題に関する起案権は統帥部にあるや或は政府と協同なるやに付いては其の理解尚不一致の点あり」としつつ、海軍軍令部の意見として、「憲法第一二条は統帥が主なりと解す」と言う、第一二条の「編制」及び「常備兵額」の、いわゆる軍政大権も統帥権の範疇とする見解が、ここでも披露される。

この前後、海軍軍令部と参謀本部との意見交換が活発に行なわれ、なかでも海軍軍令部の福留繁(ふくとめしげる)参謀と参謀本部の臼井茂樹(うすいしげき)大尉とが中心となって意志の疎通を図る試みが繰り返される。

例えば、六月一一日には福留参謀が参謀本部を訪問したが、その折りの「統帥権問題に関する軍事参議官会議の決議事項は未だ上聞に達せず」などの要旨メモが残されている。また同月二六日には臼井大尉が福留参謀から聴取したとする「六月二十六日臼井大尉の福留参謀より聴取せる情況」には、「軍事参議院（陸軍を除く）を主とするも全般の空気は元帥府に御諮詢を奏請する意見多し（華府会議の前例に依り）。新聞にある様な政府の専断でやるといふ様な事は絶対になしと信ず」と結ぶ。

この時点で陸軍は軍事参議院、元帥府など必ずしも権能が担保されていない上位組織の場に議論を持ちこむべく活発に動く。経緯を簡単に追うと、七月一日段階では元帥会議か軍事参議官会議にするか未定であり、この段階では陸軍側が軍事参議官会議に出席するか、元帥会議開催にあたっての陸軍側の意向確認が行なわれていた。

これを受けて陸軍側は「元帥会議開催に関し海軍側に対する答弁案」を作成。それには元帥会議への陸軍元帥の出席に異存なしとし、さらに「七月八日」付の項では「陸軍側元帥の参加は勿論必要なるも、一概に此意志を表示するよりも一先づ海軍側の反省を促すを可なりとし、次の旨を回答す（次長より次長へ）。海軍の御意思右の如くは陸軍側元帥の参加は強ひて主張せず、然れども国防の根本に触るる問題に対しては陸軍側元帥参加の要ありとなす陸軍側従来の主張は前例に徴するも毫も変化なきものとす」と記す。

以上、陸軍側の動きを簡単に追っても、常に陸軍が主導していることが知れる。この陸軍の動きは、最終的にロンドン海軍軍縮条約が調印された後も一貫していく。

海軍の本音

海軍も軍縮への流れが断ちきれないと承知しつつ、自らの基本姿勢を明確に打ち出す必要性だけは痛感していたようである。例えば、同一九三〇（昭和五）年七月一四日付で、海軍軍令部長谷口尚眞（たにぐちなおみ）大将の印のある「覚書写」では、以下のように記す。谷口部長は、この年の六月一一日に加藤寛治を継いで新しく軍令部長に就任している。

「今回倫敦海軍条約に依る兵力量は事海軍にのみ関する問題にして其変更は従来の帝国国防方針及び用兵綱領に何等変化を来さざること別紙覚書の通りなるを以て、此際強（しい）て本問題を陸海軍元帥会議に付することなく、海軍側に於ける軍事参議官のみに御諮詢ありて可然（しかるべき）と思惟（しい）せり。加之本問題に関し与論の沸騰甚（はなはだ）しき今日強（しい）て陸軍元帥が此機微なる問題の渦中に投ずることも深慮を要する次第もあり」

谷口軍令部長の見解は、海軍軍縮条約問題は、まずもって海軍側の問題であって、陸軍がこの時点で関与するのは好ましくない、と体よく陸軍の提案を回避している。陸軍と海軍との間に、軍縮をめぐる対応に若干の温度差を感じる文面である。谷口軍令部長は、前任者の加藤大将と異なり、ロンドン海軍軍縮条約の締結には前向きであり、海軍の第一の仮想敵国であったアメリカとの関係にも慎重な姿勢を貫いた、いわゆる条約派に入る軍人であった。

海軍側としては、軍縮への対応には、海軍部内には積極的に濱口内閣の軍縮策に呼応しようとする勢力が存在したこと、また陸軍側の政治主義的な反対論に違和感を抱く部分もあったと推測可能である。

陸軍の危機感

ロンドン海軍軍縮会議は、結論を先に示せば、一九三〇年一〇月一日の枢密院本会議にて満場一致で条約を可決。さらに翌日の二日には条約が批准される。しかし、ここまで来るところでも、特に陸軍は強引な手法による反対論を繰り返していた。

このなかで陸軍は当事者であった海軍との連携強化を積極的に進めていた。例えば、「昭和五年所謂兵力量の決定に関する研究(2)」の件名のなかに、「未曾有の難局に直面したる貴部の御苦衷に対し深甚なる御同情を表し申し候（昭和五年六月二四日）[34]」で始まる文書には、痛烈なロンドン海軍軍縮会議への非難が次のように記されている。


「熟々（よくよく）按ずるに現国防方針及び用兵綱領は帝国発展の為にも将又（はたまた）自衛の為にも現下帝国の執るべき唯一の方策にして、過般倫敦会議に於て提唱せられたる所謂三大原則なるものは、現方針並綱領の目的達成の為実に最低限のものなり、と貴部の御意見に共鳴し衷心其実現を希念して已（や）まざりし次第に御座候」

ロンドン海軍軍縮条約は、ここで示された「三大原則」の履行を基本目標として各国の歩み寄りが企画されていた。その原則を事実上否定するのは、海軍条約自体の目標と実現を否定するもの。さらに、続けて陸軍側は海軍側との連携強化の実績と継続について以下のごとく触れる。

「根拠地攻略の陸軍作戦は海上決戦勝利を占め後方連絡の安全を自信し得べき場合に於てのみ敢行し得るものにして、且極めて困難と予想せらるる上陸作戦の成功は、一に繋(かか)りて強力艦隊の庇護に俟(ま)つものなりと存居申候(ぞんじおりもうしそうろう)。右の如き信念に基き貴部と当部と研究を積むこと茲に年有之候」

このように海軍軍縮に関心を持たざるを得ないのは、海軍との軍事協力体制があって初めて陸軍作戦の展開が可能である、とする理由を持ち出す。後年、陸・海軍間が作戦計画をめぐって甚だしい乖離を露骨に示すことになることを知っている後世の我々にとって、陸軍の本意とは受け取れない。ただ陸軍にとって海軍軍縮に続き、陸軍軍縮の政治日程が迫っている現状も手伝い、反軍縮の理由につき深刻な状態に陥りつつあったことは確かであった。同文末に「国防永遠の安固の為善処あらせらるべきは深く信じて疑無き所に御座候」とする文面から、その危機意識が読み取れる。

呼応する海軍強硬派

統帥権干犯論争の当事者であった海軍軍令部加藤寛治大将は、一九三〇年四月二日に行なった帷幄上奏では、まったく統帥権干犯論争に触れていない。しかし、統帥権干犯論争が活発になっていくと、参謀本部の強力な後押しもあって、徐々に統帥権干犯論争の代表格となっていく。

加藤大将は、それまでの国防力不足に対する配慮が政府に欠けていたことへの不満から、政府が回訓を出すまでに海軍軍令部を結果的に無視したことへの反発を抱くことになる。それで統帥権干犯の元凶とみなす濱口内閣への姿勢を硬化させるに至る。[35] ちなみに、加藤大将の遺稿には、「問題の重点は政府が軍令部長の再上奏御裁可を待たずして回訓を発せることにありて統帥干犯はこの一事に成立す[36]」と記されている。

加藤大将はそれまで統帥権干犯論争が参謀本部を中心に展開されてきたことに対し、海軍軍令部全体の意見の一致を図ろうとする。海軍としての姿勢を強化するために軍事参議官会議を開き、海軍軍令部を中心として陸・海軍両軍令機関の団結を強化して、政府に圧力をかけようとする。しかし、岡田大将を中心とする他の軍事参議官らに慰撫(いぶ)されてきた経緯があった。

五月二八日、加藤大将は海軍省との間に見解の一致を図るため、海軍大臣財部(たからべ)彪(たけし)大将に対し、次の内容を骨子とする覚書を提示し、海軍軍令部と海軍省がこの線で共同歩調を採ることを要請している。それは、「憲法第一二条の大権事項たる兵額及び編制は、軍部大臣（ひいて内閣）及び軍令部長

（参謀総長）の協同輔弼事項にして一方的にこれを採決処理し得るものにあらず」[37]というものである。

覚書自体には、海軍軍令部と海軍省との間に統帥権そのものに対する根本的な解釈の相違があった。すなわち、海軍軍令部はこの覚書によって憲法第一二条の編制大権の解釈を海軍省と海軍軍令部が対等の立場で、その処理にあたるいわば共同輔弼事項と把握していた。それによって海軍軍令部が海軍省から独立し、独自に活動できる余地を認めさせようとしたのである。

これに対し、海軍省側は憲法第一二条の解釈には触れず、海軍にあっては海軍大臣が海軍省と海軍軍令部の両方を代表するのが本来海軍の慣行になってきているという態度であった。

以前から統帥権干犯論争について、海軍省はロンドン海軍軍縮条約によって協定された補助艦保有量が憲法第一二条の軍の編制および常備兵額に該当するものであり、第一一条の統帥大権に触れるものではないとしていた。従って参謀本部、海軍軍令部の言う統帥権干犯論争は非論理的で妥当性を有しない、とする見解を保持していたのである。

このように海軍軍令部と海軍省の見解は異なっていた。それは両者の統帥権解釈の相違から出たものという以上に、海軍における統帥権独立制の内容が陸軍のそれと異なるという構造的要因が根本にあったと見るべきであろう。この意味からすれば、海軍軍令部は、この問題を利用して陸軍の参謀本部と同様の地位を海軍部内において占めるべき変革の機会とみなしたとも考えられる。

軍拡派の形成

統帥権干犯論争は参謀本部、海軍軍令部の急進派（後に艦隊派と呼称される）と、政府および陸海軍省の穏健派（後に条約派と呼ばれる）との対立・抗争という形で進められる。要するに、統帥権干犯論争を通して、頑な（かたく）な姿勢を採る軍拡派があらためて形成された格好となった。

これ以外にも頭山満（とうやまみつる）を代表とする軍縮国民同志会や売国条約反対全国学生同盟、陸軍予備役大将大井成元（おおいしげもと）を会長とする恢弘会（かいこうかい）などの右翼諸団体が統帥権干犯を叫んで政府攻撃を行なう。軍部は、この機会に政治的発言権を回復。それによって国家の政戦両略決定への進出を果たそうとする。確かに統帥権干犯論争は、軍部急進派に大きな影響を与える。

例えば、一九三〇年九月に陸軍省と参謀本部の急進的な少壮将校の間で結成された桜会の設立趣意書の一文には、次のように記されている。すなわち、「いまやこの頽廃（たいはい）し尽せる政党者流の毒刃が軍部に向かい指向せられつつあるは、これをロンドン条約問題についてみるも明らかなる事実なり」[38]と。

ＷＷＩ後から続いた国際的な軍縮時代にあって不遇を囲っていた軍部は、国外において一九三一年九月に満州事変を、国内において統帥権干犯論争を梃子（てこ）とし、陸・海軍の政治的地位拡大に乗り出す。満州事変が陸軍（特に参謀本部）の直接的武力を背景とする統帥権独立制の実践化とすれば、統帥権独立制は、その徹底化による軍国主義イデオロギーの活性化を目指したものと言えよう。

一方、海軍部内では統帥権干犯論争を契機として大きな転換期に入る。それは軍備と財政とを立体的に考察し、合理的立場からロンドン海軍軍縮条約を肯定する条約派と、軍備と外交・財政を二元的に並立して対米比率七割を固定化し、本条約を否定する艦隊派との対立が本格化してきたことである。

それまで海軍は陸軍と異なり、伝統的に部内統一が比較的円滑に行なわれてきた。しかし、ロンドン海軍軍縮条約の評価をめぐって条約派は陸軍の統制派につながり、艦隊派は皇道派に繋がる。まさに陸・海両軍は、横断的な派閥抗争の時代に入ったのである。ここで重要なことは、派閥争いの過程を通じて海軍省と海軍軍令部の関係が変化したことである。海軍における省部間の関係は、陸軍と異なって、これまで海軍省優位の状態が続いていた。

それで一九三二（昭和七）年一月、参謀本部が閑院宮戴仁（かんいんのみやことひと）大将を参謀総長に迎えると、海軍軍令部もこれに呼応して伏見宮博恭（ひろやす）大将を海軍軍令部長に迎える。伏見宮大将は、ロンドン海軍軍縮条約締結の際に東郷元帥とともに最後まで反対側に立った人物である。伏見宮大将の海軍軍令部長就任と同時に軍令部次長には、艦隊派の中心人物である加藤大将の流れを汲む高橋三吉（たかはしさんきち）中将が就任。海軍軍令部の実権を握る。

こうして海軍軍令部はロンドン海軍軍縮条約公布（一九三一年一月一日）後、間もなく艦隊派と目される人物によって掌握されるところとなる。その結果、比較的に条約派とされた人物が集まっていた海軍省に対し、一致して圧力をかける。それによって海軍省に対する海軍軍令部の発言権が増大していったのである。さらに、三三年九月二六日に「海軍軍令部条例」が改正され、「海軍軍令部条例」は、「軍令部条例」に、海軍軍令部長は軍令部総長に、班長は部長にそれぞれ改称する。これはいずれも参謀本部の模倣である。

また海軍大臣の権能についても、平時保有していた軍隊指揮権が削除され、軍令部総長に移行する。また、「艦隊令」以下の改正によって、艦隊司令官、鎮守府司令官、要塞司令官は作戦計画に関し、以後軍令部総長の指示を受けることになる。軍令部総長は、参謀総長と同等の軍隊指揮権を保持するところとなり、海軍の統帥権独立制は、これによって陸軍のそれと何ら変わるところがなくなった。

さらには、大角岑生（おおすみみねお）海軍大臣のもとで行なわれた、いわゆる大角人事において、谷口尚真前軍令部長、山梨勝之進大将、左近司政三中将、堀悌吉（ほりていきち）中将、寺島健（てらじまけん）中将（前海軍省軍務局長）らの条約派と目された人物が、ことごとく予備役に編入される。これとは反対に艦隊派の中心人物の一人であった末次信正大将は、一九三三年一一月、連合艦隊司令長官に起用された。以上の海軍における機構面、人事面の改革は、海軍自体が先のロンドン海軍軍縮条約に対して暗黙の否定を行なったに等しかったのである。

こうしてロンドン軍縮会議をめぐる対立関係のなかで、海軍とこれに呼応した陸軍の軍拡派の一群が、一九三〇年代半ば以降、軍部内での主導権を握り、軍拡を強行していく。こうした状況下、当該期政権を担った濱口雄幸民政党内閣は、内閣主導の軍制改革の実行を主要な政策目標として掲げていくのである。しかし、軍部は一面妥協、一面否認の対応のなかで世論の軍縮要求を巧妙に回避していく。その実体を次章で追ってみたい。

1　横山隆介「国際連盟と海軍軍縮　軍縮準備委員会と日本の対応」(防衛省防衛研究所戦史部編『戦史研究年報』第六号、二〇〇三年三月)を参照。
2　『戦前期外務省記録』(外務省外交史料館蔵)5門　軍事。
3　同右。
4　陸軍省『陸軍省大日記』(防衛省防衛研究所蔵)昭和四年　国際連盟・華府会議・軍縮関係書類。
5　外務省編『日本外交史年表並主要文書』下巻、原書房、一九六六年、一三七〜一三八頁。
6　「岡田啓介日記」(小林竜夫・島田俊彦編『現代史資料』第七巻〔満州事変〕、みすず書房、二〇〇四年、六頁)。
7　同右、七頁。
8　「昭和五年四月回訓に関する経緯」(『太平洋戦争への道』別巻〔資料編〕、朝日新聞社、一九八八年〔新装版〕、二二一〜二二四頁)。
9　前掲「岡田啓介日記」六頁。
10　前掲『太平洋戦争への道』第一巻、八三頁。

11　『時事新報』一九三〇年四月一日付。
12　前掲『陸軍省大日記』昭和五年　ロンドン会議関係統帥権に関する書類綴。
13　同右。
14　『時事新報』一九三〇年四月二日付。
15　鷲尾義直編『犬養木堂伝』中巻〔明治百年叢書　第七六巻〕、原書房、一九八〇年〔覆刻版〕八七二頁。
16　原田熊雄述『西園寺公と政局』第一巻、岩波書店、一九五〇年、四二頁。
17　『東京帝国大学新聞』一九三〇年四月二一日付。
18　『大阪朝日新聞』一九三〇年五月二日〜五日付。
19　『大阪毎日新聞』一九三〇年五月一日〜五日付。
20　『中央公論』一九三〇年六月号。
21　同右、一九三〇年七月号。
22　『改造』同年七月一日号。
23　『外交時報』同年五月一五日号。
24　同右、同年六月一日号。
25　同右、同年七月一日号。
26　外務省外交史料館蔵『戦前期外務省記録』B門　条約、協定、国際会議。
27　前掲『東京帝国大学新聞』一九三〇年四月二一日付。

28 『報知新聞』一九三〇年四月二五日付。
29 『大阪毎日新聞』一九三〇年五月一日〜五日付。
30 『東京朝日新聞』同年五月二日から三回連載。
31 『日々新聞』同年五月三日から三回連載。
32 同右、同年五月四日付。
33 前掲『陸軍省大日記』昭和五年　国際連盟・華府会議・軍縮関係書類。
34 同右。
35 前掲『西園寺公と政局』第一巻、四七頁。
36 故海軍大将加藤寛治遺稿『昭和四年五年倫敦海軍条約秘録』加藤寛一私家版、一九五五年、一九頁。
37 前掲『太平洋戦争への道』第一巻、一〇六頁。
38 青木得三『太平洋戦争前史』第一巻、世界平和建設協会、一九五〇年、一二一〜一二四頁。

軍制改革をめぐって

――「軍縮のなかの軍拡」の実態――

はじめに

昭和初期における軍縮の動きが、最も活発であったのは濱口雄幸民政党内閣期であった。濱口内閣は行財政整理を断行するには、軍制改革という名の軍縮が必要と強調。この二つの政策は表裏一体ものとして位置づけていたのである。

政党内閣主導の軍制改革政策に対抗して、主導権を奪還すべく軍部も、前章で見たような論立てを準備し、独自の軍制改革案を提出して対抗していく。陸軍のなかでも、特に軍令機関である参謀本部は、政党主導の事実上の軍縮要求を古典的とも思われる国防思想を背景に反論を試み、それは政党や議会自体への批判にも発展する。

その一方で、軍縮を求める世論の動きは、濱口内閣の軍制改革を支持。さらには美濃部達吉を筆頭とする法学者やメディアをも含めて、一大軍縮要求運動として結実する。軍部は、そうした動きに反発。もちろん、当該期において軍縮勢力一辺倒ではなく、特に参謀本部の国防論を支援する右翼勢力を中心に言論活動や示威活動を通して、軍縮勢力に圧力をかけていく。しかし、次第にその限界を痛感するに至る。

最終的に軍部及び右翼を中心とする軍拡勢力は、政党・議会を排撃していく動きを強めるそのなかでも急進派は、後に満州事変（一九三一〈昭和六〉年九月一八日）を引き起こし、国防第一主義を強調していった。その流れのなかで軍拡路線に新たな正当性を得ていこうとしたのである。まさに軍縮勢力の勢いを止めるために、国外クーデターとしての満州事変という暴挙をもってした、と言えよう。

本章では、主に新聞記事からその経緯を追いながら、濱口雄幸民政党内閣の軍制改革要求と軍部のこれへの対抗の過程を追う。濱口内閣の軍制改革要求は、緊縮財政政策の断行のなかで、最重要課題とされた軍事費削減を実行するため、不可欠な政策として位置づけられた。言うまでもなく、それは経済的理由からする軍縮政策の一環であったのである。

1　深まる濱口内閣と軍部の対立

濱口内閣の緊縮財政政策と軍制改革構想

一九二九（昭和四）年七月二日、田中義一内閣に代わって濱口雄幸民政党内閣が成立。その濱口内閣に対して金融資本は、(1)金解禁の断行によって暴落した対外為替相場を立て直すこと、(2)徹底的なデフレーション政策と産業合理化を推進して独占産業の国際的競争力を強化すること、(3)金本位制復帰下での日本の国際金融上での地位回復を目指すこと、などを強く要求する。

これに応えるために濱口内閣が掲げた具体的な政策目標は、緊縮財政・行財政整理・消費節減の実行である。これによって初めて金融資本の要求を実現する前提条件を得るはずであった。特に、これらの政策目標のなかでも、緊縮財政政策の実行が濱口内閣最大の課題となる。

濱口内閣の大蔵大臣に就任した井上準之助は、当初、緊縮財政の実行方法の第一段階として、新規あるいは不急事業の放棄もしくは繰り延べを考えていた。しかし、「それらによる緊縮財政の程度は、左まで大なる」[1]ものではなく、「大緊縮の実を挙げんと決意する以上、従来人の触れることを欲しなかった一大費目について手をつける勇気を出さねばならないだろう」[2]といった記事に見られるように、緊縮財政の具体化には、何よりも軍事費の節約・削減が最も効果的な方法であるとする論調が目立ってきていた。これは財界自体の意向を反映したものである。

実際に三菱銀行常務瀬下清(せじもきよし)の「軍縮を実現せば、爾余(じよ)〈そのほか〉の諸問題は自然に目鼻がつかう。実際、尠(すくな)くともその解決が非常に便利となる」[3]とか、関西信託専務加藤小太郎(かとうこたろう)の「この際、新内閣が真に誠意を以て緊縮の実を挙げんとするならば、われ等の見るところでは可能不可能の問題は別として、広義の軍事費に手を着けねばならぬ」[4]といった財界人の発言からは、軍事費削減こそ緊縮財政政策の成否の鍵だとする見解が支配的であった。

因みに、一九二九年度の直接軍事費は四億九七五一万円、三〇年度が四億四四二五万円、三一年度が四億六一二九万円で、国家予算に占める比率は、それぞれ二七・一%、二八・五%、三一・二%である。[5]これに加え、日本の場合は各省のなかにも軍事的経費が含まれていた。例えば、内務省予算に廃兵費、徴兵費、軍事救護費、文部省費に金鵄勲章年金、軍人恩給、軍人遺族扶助料、廃兵親族扶助料などである。

以上の諸経費を合計すると一九三〇年度予算において一億六一八万円となる。[6] これを同年度の直接軍事費に加算した場合、五億五〇〇〇万円を越し、国家予算の約三五％を占めていた。

濱口内閣は内閣成立後一週間を経た七月九日に、財政緊縮・国債整理・金輸出解禁、それに軍備縮小などを骨子とする「十大政綱」を発表。同時に濱口首相は、国民経済立て直しのための金輸出解禁が絶対必要な基本条件であり、そのためにも緊縮財政政策が不可欠であること、それは軍備縮小によって実現可能である、とする旨の説明を行なう。[7]

固い軍拡の意向

これを受けて井上蔵相は田中内閣時に作成されていた一九二九（昭和四）年度予算一七億五二〇〇万円を改編し、その結果九一六五万円の節約額を得て、二九年度実行予算を一六億六〇三五万円とする。これは七月一九日の閣議で決定される。これと併行して大蔵省では三〇年度予算作成に着手。そこで濱口内閣の緊縮財政政策を徹底して具体化した予算編成に取り組むことになり、軍備縮小の実現へ向けて努力する旨の声明を行なう。

すなわち、「十大政綱」の特に重要と思われる「第五項　軍備縮小の完成」と「第六項　財政の整理緊縮」において次のように述べる。

「第五項　軍備縮小問題に至りては今や列国共に断乎たる決意を以て国際協定の成立を促進せざ

るべからず。其の目的とする所は単に軍備の制限に止まらず、更に進んで実質的縮小を期するに在り。

第六項　財政の整理を実現するに当り、陸軍の経費に関しても、国防に支障を来さざる範囲に於て大に整理節約の途を講ずる所あらむとす[8]」

つまりは、当面は陸軍費削減に全力を挙げる旨の決意を披瀝。従って、一九三〇年度予算編成における財政整理の成否は、「軍備費削減がどの位成功するか否かによって明年度財政整理の成績がきまるであろう[9]」とする指摘を待つまでもなく、軍事費、特に陸軍費の削減如何にかかっていたのである。

一方、いわゆる宇垣軍縮の実績を買われて濱口内閣の陸軍大臣に就任した宇垣一成（本書一一七頁など参照）は、組閣直後の閣議において現下の財政状態からして陸軍現行制度の立替を断行しても、「陸軍予算に対し一大斧鉞（ふえつ）を加える[10]」決意であると言明。

宇垣陸相は一九二九（昭和四）年七月九日の閣議においても、陸軍が政府の緊縮財政方針に呼応して陸軍軍備の根本的整理を断行し、経費の徹底緊縮、財政負担の軽減を行なうこと、同時に現有の軍事力低下を防ぐ処置として防衛施設・新兵器装備充実を目的とする軍制改革に着手する意向で、そのために陸軍省内に軍制調査会を設置する計画である旨を報告。要するに、事実上の軍拡への意向は崩していなかったのである。

乖離する軍制改革案

一九二九（昭和四）年七月一〇日、陸軍省で宇垣陸相、鈴木壮六参謀総長、武藤章教育総監が出席して三長官会議を開催。席上、宇垣陸相は政府の緊縮財政改革に基づき、陸軍の経費の徹底整理と陸軍軍備の改編を実施する意向を表明して諒解を求める。

その際、軍備の整理・改編の実行方針として、「一、如何なる方法により平時編制を縮減すべき也、一、平時編制の縮減に伴ふ戦時編制の素質低下を如何にして補填するか」[11]の二大原則を当面最大の研究課題とし、次いで装備の改善、予備教育の改善、在営年限の短縮などの具体的な問題に入ることとした。そして、この会議において、これらを研究調査して軍制改革案の作成を目的とする軍制調査会設置が正式に決定される。

軍制調査会は陸軍次官阿部信行を会長とし、委員として陸軍省より軍務、経理、整備、人事の各局長、参謀本部より次長、総務、第一部の各部長、教育総監部より本部長、陸軍大学校長、士官学校長が就任。また、幹事長には軍事調査委員長の林桂が就任し、幹事に陸軍省の軍事、兵務、主計、参謀本部の第一部長、教育総監の各課長を任命することになった。

軍制調査会の審議手順は、まず幹事会で草案を起草。これを基に軍制調査会で審議し、そこで意見の不一致があった場合には三長官会議で決裁する。成案は各軍司令官・師団長会議を招集して諒解を求め、最終決定は軍事参議官会議に諮ることとした。これを見る限り、軍制調査会改革案の作成は陸軍の全組織を動員しての作業となるはずであった。

八月一六日、軍制調査会幹事による第一回会合を開催。出席した宇垣陸相は自らの軍制改革構想とも言える基本要綱を内示。幹事会はこの宇垣構想を具体化するため、軍制改革の根本方針として次の五項目を決定。すなわち、「一、新式装備の充実、二、予備的教育の徹底、三、在営年限短縮、四、物的国家総動員の徹底、五、部隊編成の更改[12]」とする内容である。

この内容から宇垣の構想する軍制改革とは、第一に軍装備、軍編制の近代化・合理化の実現を意図したものであり、第二に陸軍が第一次世界大戦（以下、ＷＷⅠと略す）以降、着手していた総力戦準備に対応する国家総動員体制構築過程の一環と位置付けられる内容。

ところが、この方針のなかには、先に宇垣陸相が言明した陸軍予算の削減につき一言も触れられていない。それどころか陸軍では、これら軍制改革を実施するには、最低二〇〇〇万円の財源が必要だと見積もっていた。

従って、陸軍にとって軍制改革の目標は、いかにして上記の方針を達成するための財源を捻出するかにあったと言える。そして、国家財政の窮乏という状況において、国家財政に期待できない以上、陸軍の編制装備の近代化・合理化を果たそうとすれば、軍制改革費は自前で捻出する他なかったのである。

それには常備師団の削減をも含めた編制装備の整理・縮小を不可避とした、いわゆる宇垣軍縮方針を採用する道しかない。しかし予算を削減させたくないから、当面事を荒立てず、そのことに触れないとしたのである。

陸軍の軍制改革の原案作成作業は、軍制改革調査会の設置によって一応軌道に乗ったが、軍制改革の実施による陸軍費削減を目標とする濱口内閣、それにこれを支持する財界・国民世論の軍制改革構想・要求と、その出発点で基本的な相違は明らかである。

つまり、濱口内閣の軍備縮小の具体案は、「一、現役兵の在営年限の短縮　一、各部隊編成の変更などによる兵数の減少　一、輜重、騎兵科などの兵力縮小整理　一、砲兵工廠、被服廠、糧秣廠その他所属工廠の整理統合　一、陸軍科学研究所その他所属各学校の整理統合　一、青年訓練、学校教練などの実施方法改善による人員の整理[13]」などの実現による軍事費の節約・削減にあったのである。

それ故、軍制調査会での審議内容が序々に明らかになるにつれ、陸軍と内閣との軍制改革構想の相違が表面化し、両者間に対立・抗争が発生する。

軍備縮小を求める世論と政党

前田中義一政友会内閣の経済政策の失敗を一因とする経済不況の深刻化と国家財政の窮乏、二次にわたる山東出兵。さらには張作霖爆殺事件等に代表される対外強硬路線による日中関係悪化と日本への国際的不信の増大、といった内外にわたる深刻な危機の打開を期待されて登場した濱口内閣。この内閣には、軍制改革による軍備縮小を要求する世論と政党の声が一段と高揚しつつあった。

それは、先に山梨軍縮と宇垣軍縮とを実現した大正デモクラシー運動を背景とする一九二一年から二五年にかけての軍縮要求運動に酷似する。むしろ今回の軍縮要求のほうが、経済的・政治的危機の深化の程度からすれば、前回のそれにもまして切実な問題であった。

例えば、『大阪朝日新聞』の一九二九（昭和四）年七月二八日付社説「陸軍の縮小と改革」は、濱口内閣成立以来一ヵ月近く経た段階で、内閣の軍制改革に取り組む姿勢に不明瞭な点が多く、本年度実行予算における陸軍の節減ぶりも不徹底・無内容であると指摘。そのうえで、「陸軍が新時代に順応する優秀な国軍を建設するつもりであれば、現在一七個師団をその三分の一見当の六個師団に減少しても一朝有事の際に優に大正一四年時代の実勢以上を保有できる」と記し、師団削減を基調とする編制装備の根本的改革を主張する。

また、同新聞の八月一七日付社説「陸軍縮小の標準」は、今日の軍備縮小が必要とされる理由を緊縮財政政策の実行という点に求められているが、そうした国内的理由だけでなく、軍縮要求の国際的世論の高揚をも直視しなければならない、として次のように述べる。

「ワシントン会議における極東の情勢の変化はもとより世界的にも軍縮の気運がいよいよ濃厚となりつつある際にもかかわらず、今日わが軍備は却って時代の趨勢に逆行して、ますます実質的に強大を加へるようなことになっているのである」

このようにマスコミでは国民の動向を反映して、軍制改革による軍縮実現とそれによる軍部の政治的地位の低下と政党政治の復権を期待する声が多くなってくる。

緊縮財政と軍備縮小

これを受けて濱口内閣の与党民政党も、緊縮財政政策の実行には軍備縮小以外ないという結論を内閣成立当初より堅持していた。濱口首相は、民政党の機関誌『民政』誌上において、「軍備縮小問題に対しては交譲妥協の誠意を以て之に当り、此の世界的大事業の完成を期することである」[14]と述べ、陸・海軍を含めた軍備縮小の実現が緊縮財政政策の成否の鍵であることを再度確認する。これには民政党系財界人の強力な支援もあり、その後民政党政務調査会は、一九二九（昭和四）年一〇月一四日の会議で陸軍の軍備縮小に関する軍縮委員会設置を決定する。ここにおいて党独自の軍備縮小を骨子とする軍制改革案を作成し、内閣を支援していくことになった。

一方、政権を民政党に譲って以来、陸軍軍制改革問題に消極的姿勢を維持していた野党政友会は、新政策樹立の必要に迫られる。そこで検討を進めた結果、七月下旬になって軍制改革問題につき、「国防軍備計画に対しては一大整理と統一を計り新時代の国防方針を樹て、これによって従来不生産的に要した軍事費に大削減をなし全部これを産業政策に振り充てんとの方針」[15]を採用する。

そして、一〇月三〇日には「七大政綱」を発表。その第二項の「国防行政及び官業の整理」のなかで、「軍制を整理し、国防の経済化をはかり、行政組織及び運用を改善し、官業及び固有財産の整理を実行す」[16]と述べる。政友会の従来の主張である産業振興政策を基調としつつ、国防の経済化を目標とする軍制改革実施を政府および軍部に要求していくとしたのである。

そこでの「国防の経済化」の具体案は、「一、平時兵員の整理　一、在営期間の短縮　一、青年訓練の充実　一、特科隊（砲兵隊のこと）の充実　一、要塞、用地、戦用貯蔵品の整理及官衙、学校、工廠の改廃」[17]等の実施である。これは濱口内閣の軍備縮小具体案と大同小異の内容で、この時点で民政・政友の二大政党が、軍備縮小方針のうえで基本的一致点を見出していたことになる。

また、貴族院でも目立った動きが出始めていた。貴族院諸会派のなかで最大の研究会は、一〇月二八日に開かれた常務委員会で陸軍の軍備経済化を要求していくことを確認。公正会でも行財政の根本的整理には陸軍の整理改革が急務であるとする見解を明らかにする。このように国民世論、政党勢力、貴族院各派の軍制改革要求は、その内容こそ若干の相異を持ちつつも、再び軍縮要求運動となって発展する様相を見せ始めてる。

陸軍独自の軍制改革案

宇垣陸相を中心とする軍制調査会での軍制改革原案作成作業の過程で、政府・民政党が意図する軍制改革の主な目的が軍事費削減にあり、しかもその削減方法に師団削減をも構想されていることが知られるに至る。それで、作戦指導・部隊編成を所管事項とする参謀本部は、徐々に政府・民政党の意向を汲んだ宇垣陸相の軍制改革構想に警戒の念を抱き始めていた。

というのも、参謀本部は前回の三次にわたる山梨・宇垣軍縮、なかでも四個師団削減を実施した宇垣軍縮以来、宇垣陸相が標榜する多数常備師団放棄による軍近代化論に対し、強い不満・反発を持っていたからである。

参謀本部としては、今回の軍制改革によって第二の宇垣軍縮が実施される可能性を危惧し、常備師団の削減は国防上からも、また兵員の士気の点からも断固反対を訴える覚悟でいた。それで参謀本部は、八月二七日に鈴木荘六（すずきそうろく）参謀総長も出席した部長会議を開く。

まず、二宮治重（にのみやはるしげ）総務部長と畑俊六（はたしゅんろく）第一部長から、軍制調査会第一回会合（八月一六日開催）で明らかとなった宇垣陸相の軍制改革構想の内容説明を受ける。その後で、これらについての検討が行なわれた。ここで討議の対象となったのは、陸軍が目標とする軍装備近代化のための財源確保の方法と師団削減の可能性についてである。

特に参謀本部は師団削減を阻止するため、軍制調査会における部隊編成に関する事項について、参謀本部が国防、用兵上の観点からの調査研究を行なうことを要求することにした。これは軍制調査会で直ちに承認される[18]。

これは軍制改革問題の展開上重要な転換点と言える。なぜならば、濱口内閣の軍事削減目標の要として部隊編成人員の改編・削減が期待されていたから、この決定は真逆の方向へのターニングポイントとなったのである。つまり、部隊編成事項の研究調査と原案作成が参謀本部の手に委ねられたことは、逆に政府・民政党の軍制改革構想が根底から覆される可能性が大きくなったことを意味していた。

実際、軍制調査会での審議が進展するにつれて、そこでの軍制改革の主要な目的が編制装備の改良改編に必要な経費捻出にあることが明らかとなる。必ずしも軍事費自体の削減あるいは節約経費の国家還元を目的としたものではないことが公表されることになっていく。

このことは軍制調査会が事実上、この時点ですでに参謀本部の主導のもとに運営されていることを示す。また、宇垣陸相の軍制改革問題への発言力の低下をも意味していた。宇垣陸相を通じて、軍事削減を目標としていた政府・民政党にとっても大きな誤算となったのである。

宇垣陸相の変節

こうした状況のなかで、濱口内閣における軍制改革問題の直接責任者であった宇垣陸相は、軍制改革方針について、「軍備整理は決して軍備節減を目的とするものにあらず、我国の軍備を真に時代に適応せしむるよう整理改善し、兼ねて国防の経済化を図らんとするものである」[19]と明言する。

これは入閣当初の宇垣の軍制改革構想に関する発言の事実上の撤回であり、変節とも言い得るもの。さらに、宇垣は一九二九（昭和四）年九月一四日に陸軍省で開かれた臨時師団長会議の席上、軍制改革を要求する国民世論への批判とも取れる訓示を行なっている。それは次の通りである。

「時に常習的に殊更に陸軍の縮小、軍事費の削減を呼号し、曲筆舞文しているのではないか、とまでに思はるるものではないが、勿論これらの論議に余輩が左右せらるべきでもなく、また各位が左右さるべしとも思はぬけれども多数国民をして国防軍事陸軍の立場などを普くかつ正当公正に理解せしむる点につき、時節柄一層注意し努力せられたし[20]」

これは宇垣が陸軍内部に向け、軍制改革の第一の目的が軍事費削減などにはなく、まして軍備縮小など毛頭考えていないことを確約したもの。これ以後、宇垣は、「軽挙に武備の縮小削減を策する如きは戒めねばならぬ[21]」と日記に書きつけたように、終始一貫して参謀本部の軍制改革方針と歩調を合わせることになる。

こうして濱口内閣の緊縮財政政策を契機に発生した軍制改革問題は、国内における政治的・経済的危機の深化を背景として、国民世論、政党勢力、財界の支援を受けた濱口民政党内閣と、参謀本部を中心とした軍部との間に、軍事費の節約・削減と、その転用をめぐって本格的な対立・抗争を引き起こすことになる。

2　参謀本部の介入

陸軍内部の対立と妥協

軍制調査会で軍制改革案の作成作業が進む一方、政府は一九三〇（昭和五）年度の予算編成に着手。そこにおいて大蔵省は陸軍省に対して陸軍予算の一割強に当たる二三二五万円の節減を要求する。これに対して陸軍側は難色を示しつつも、二九年一一月四日の井上蔵相と宇垣陸相との会談の結果、一応陸軍側が大蔵省の要求を受け入れる。この時期に政府が陸軍予算の節減・削減に積極的な行動を採った背景には、来春の総選挙を控えて少しでも国民世論の軍縮要求の声に応え、選挙を有利に戦いたいとする配慮があったからである。

特に与党民政党は、国民世論の軍縮要求の焦点になっていた師団数の削減と在営年限の短縮の実施については、長期間を要してでも着実に実現を目指すとする。そして、とりあえず一九三〇年度予算には無理な注文をせず、将来において根本的解決を得る方針であった。

新聞はこれら民政党の動向を、「かく陸軍軍縮問題は党内の重要なる問題となったが、多数の意向はこれを来年の一月の大会において重要政策として掲げ、もって来るべき総選挙の有力なる看板としたいとの希望で、あくまでその実現を意気込んでいる」[22]と報道する。

こうした状況のなかで、宇垣陸相は井上蔵相と会談した後、「軍縮問題は軍制調査会で鋭意調査しているから、出来るだけ早く具体案を得るように督励するつもりであるが、具体案出来次第一つづつ順次発表して世論に問ひ、着々実行する方針であって、陸軍軍縮を陸軍が渋っているとか、等閑〈おろそか〉に附しているとかいふわけではない」[23]と述べる。陸軍が大蔵省の要求に妥協的姿勢で臨んでいる旨を強調していたのである。

これと前後して、陸軍は軍制改革方針について政府や一般国民に対し明確にする必要を痛感する。それで宇垣陸相、鈴木参謀総長ら陸軍首脳部が協議した結果、根本的整理方針として次のような方針案を発表する。

すなわち、師団削減については、「軍の単位たる師団の廃止は困難」[24]であり、たとえ師団削減を実施したとしても衛戍地（永久的駐屯地）は絶対確保すること、在営年限短縮については戦時動員兵力の低下を招くので反対で、「敢て断行せんとすれば、長期志願兵制度の如き特殊の施設」[25]を準備する。要するに陸軍は政府の軍縮要求に妥協的姿勢を示しつつも、軍備縮小の二大争点とも言うべき師団削減、在営年限短縮を実質的に拒否。これ以外の方法で軍備整理を実施するという姿勢を固めていたのである。

そして、陸軍がこの時点で構想した軍備整理案は、次のようなものである。すなわち、「イ、現在三個大隊よりなる歩兵の各連隊中一個大隊を教育専門の大隊とする　ロ、各師団の歩兵は現在二個旅団、四個連隊よりなっている旅団本部を廃し一個連隊を減じ毎師団三個連隊とする、これによって約一六〇個中隊を減少し、さらに特科隊に関して約四〇個中隊を減少する」[26]ことを骨子としたもの。イによって約一一〇〇万円、ロによって約七〇〇万円の合計一八〇〇万円の節約が可能だとしていた。

事実上師団数削減の代わりに兵員数の抽出削減案であったが、これによる軍事力低下への対応策として機関銃隊の増設等を別項で付記しており、実際のところは軍編制の合理化による軍装備近代化案である。そのため多額の経費節約を行なったとしても、軍装備充実費への転用は不可避。それ故、この整理方針では、政府や国際世論が要求する軍事費削減は無理であった。

目立つ参謀本部の強硬姿勢

陸軍部内でこのような軍備整理方針を打ち出していたのは、部隊編成装備を所管事項とする参謀本部の強い意向に原因がある。参謀本部は軍制改革問題発生当初より師団削減は無論のこと、多少の妥協は見せつつも、いかなる軍備縮小にも反対の姿勢を堅持する。

但し、陸軍省内では軍備整理・縮小の名のもとに軍制改革を実施し、経費節減の実績をある程度上げること、それにより国民世論・政府の軍縮要求に応え、同時に軍の近代化・合理化の実を取る策が賢明な選択であるとする考えが有力であった。これによってＷＷＩ以来、陸軍の究極目標である総力戦段階に適合する軍事力の創出およびそれを基幹とした総力戦体制構築を果たすべきであるとしたのである。

軍制改革方針をめぐる陸軍省と参謀本部の基本的不一致は、先の山梨・宇垣軍縮以来継続されているもの。それは両官衙（かんが）の所管事項の相違や統帥権独立制度によって保障された参謀本部の政治的・軍制的な特権的地位を原因としていた。より根本的には、日本の工業生産能力水準に規定・制約された総力戦段階における軍備形態や軍事力規模などの選定方法をめぐる見解の相違にあったのである。

いずれにせよ、両官衙は陸軍外で高揚する軍縮要求に対処していくためにも、意見の調整が必要と考えていた。その結果、経費捻出をめぐり次のような案が提出される。すなわち、「一、諸官衙、学校などの廃止　二、工廠、製じゅ所その他の整理統合　三、衣糧、各種機材等の整理正式変更」[27]などである。

しかし、これでは大した捻出額は期待できない。これこそ軍制調査会を中心とする陸軍の軍制改革原案作成作業における主導権が、ほぼ完全に参謀本部に移行していたことを示すものであった。参謀本部の主導権掌握は、軍制改革の目的が国庫還元のための軍事費削減でなく、軍装備拡充にあることを明白にしており、国民世論・政府等の軍縮要求は、実質的に拒否される恐れが大きくなってくる。たとえ軍制改革において軍事費が一時的に節約・削減されたとしても、それは新たな軍備拡充費に転用するための機会となることは充分に予測されるところとなった。

浮上する参謀本部批判

こうした軍制改革問題の新たな展開のなかで、参謀本部への批判が起こってくる。例えば、貴族院の公正会は、一九二九（昭和四）年一一月一四日に総会を開き、軍制改革問題を協議。席上井上清純（海軍大佐を経て貴族院議員）は、「日本の陸軍には参謀本部なるものがあって、これが軍制にも嘴を入れて国政を誤らしむる如きがある。ゆえにこの参謀本部を整理したうえでなければ其の軍制改革は出来ない」[28]と述べ、軍制改革の原案作成の遅延の原因が参謀本部の軍政への干渉にあるとする。さらに国民世論・政府の目標とする軍制改革実施には、まず参謀本部自体の改革によるその権限の制約が前提である、とする注目すべき発言を行なう。

また、席上で岩倉道倶（岩倉具視の四男、華族）は、軍制改革の原案作成作業は軍人だけでなく、政治家、民間人を含む国防会議を設置し、そこで行なうべきとする。

民政党も一一月二八日に政務調査会を開き、陸軍軍縮問題を協議。その際、陸軍省から杉山元軍務局長を招き、陸軍の軍縮方針につき見解を聴取する。杉山は日本の地理的条件、朝鮮・満州の権益確保、中国・ソ連の軍事力の脅威などを理由にして、現有陸軍兵力の一七個師団は決して過大ではなく、むしろ国防上不安感すら抱いている旨を述べる。以上の国際情勢を考慮した場合、軍縮は決して妥当な政策ではないとしたのである。[29]

さらに、国内政策に関して次のように述べる。

「今後における国防の道行は、国家総動員を一般の目標とせねばならぬ。財政経済行詰れる今日生産的意義の乏しい軍備を減縮すべしとの意見あるは無理からぬこと、とも考えられるが、まづ国家全体の人と物との実力を充実向上し、総動員能力の完備を求めたるのち、これを行なうのが安全である[30]」

国家総動員を推進していくためには、その柱ともいうべき軍事力拡充が不可欠であり、軍縮は、そうした陸軍の大目標の達成に抵触するものだとする。

杉山発言は、それまで軍縮には必ずしも条件つきながらも、必ずしも反対ではなかった陸軍省に変化が生じていたことを示すものであった。無論、杉山発言が直ちに軍縮の全面否定を示したわけではない。そこには軍縮要求に対抗して強硬な姿勢を採ることで参謀本部との結束を強め、とにかく軍制改革問題を陸軍主導で展開したいとする意図が隠されていたとも考えられる。要するに両官衙の不一致が是正されるはずもなかったが、それだけ陸軍が国民世論や政府の軍縮要求に対して強い危機感を抱いていたと言える。

この杉山発言には当然にマスコミをはじめ、各方面から批判が起こる。杉山は逆に航空機を中心とした近代兵器の装備、大陸経営の物理的基礎としての軍事力拡大を説くことでこれに応える。一連の杉山発言に象徴されるごとく、陸軍省の姿勢の変化は、勢い軍制改革案の内容が参謀本部提出の構想によって集約されていく。

攻勢に転ずる参謀本部

参謀本部は、一九二九（昭和四）年一二月三日、四日の両日、軍制改革に関する参謀本部としての戦時想定に基づく基礎的編制案を作成。基礎案は、広範多岐にわたっているが、主要な意見としては次のようなものであった。

一、若干師団の減少を断行し、これがための国防力を補ふために適当なる装備改善をはかること。

一、師団編成の画一主義を排し、各特殊の機能を有する数種の師団を編成しあるものには近代的な新兵器による有力な装備ならびに各種の新兵科（飛行機、高射砲隊、鉄道隊など）を附属せしめて有力なる大師団とし、あるものは旧来の如き師団とする。その代わりとして若干師団を減少すること。

一、在営年限の短縮。

一、歩兵隊の内教育大隊一ヶを設置し一ヶ大隊の兵力を縮小して特科兵団の統合独立をはかること。

一、歩兵二旅団四ヶ連隊を基礎とする現師団編成を改め旅団を廃し一ヶ師団歩兵三ヶ連隊のいはゆる三単位制に転換する。[31]

これは師団削減の可能性を仄めかすことで陸軍省の軍制改革構想に譲歩の姿勢を示し、部隊編成の再編合理化と実質的軍装備の拡充を意図したものであった。

一二月一六日に宇垣陸相、鈴木参謀総長、武藤章教育総監による三長官会議が開かれ、参謀本部作成の基礎的編制案、軍制調査会作成の平時編成改革に関する十数個の具体的改革案、教育総監部作成の教育上の改革案の基礎的方針案につき、ほぼ意見の一致を得る。ここにおいて陸軍の軍制改革案の大枠が決定されたことになり、後は政府との交渉を行ないつつ、軍制改革最終案の作成作業に取り組むことになっていく。

このように陸軍内における軍制改革方針が次第に明確にされてきたのに反し、政府の対応を見ると、当初の勢いを喪失しつつあったと言える。事実、濱口首相は、一九三〇（昭和五）年一月二一日に第五七回通常議会での施政方針演説で軍備縮小問題について一言も言及しない。これに対する質問演説を行なった犬養政友会総裁にしても、軍縮問題について明確に政府の姿勢後退を問うことはしなかった。

総選挙を控えて、二大政党の党首の以上の姿勢は、国民一般に政府・政党勢力が軍制改革問題への熱意をなくし、陸軍への譲歩・妥協を行なったのではないか、との印象を与えることになる。

メディアの陸軍批判と参謀本部の強硬方針

『東京朝日新聞』の社説「陸軍縮小問題の回避[32]」は、「民政党が選挙戦に掲ぐる八大政綱のうち、さきに現内閣成立直後天下に公表した十大政綱に麗々と言明した軍縮および軍事費整理節約を全然省略したことは、すこぶる注目に値する」と記す。つまり、民政党の軍制改革問題、軍縮問題への姿勢が後退したことを指摘する。選挙を目前にして国民に軍縮の必要性を訴えかける絶好の機会を失うことは遺憾であるとしたのである。

こうしたメディアの批判に対し、濱口首相は、軍制改革問題が「性質上責任ある軍事当局者の手腕に待つべきものが多い。特に純軍事計画の根本が更改せられこれに随って軍政の経済問題におよぶべきものである」[33]と述べ、陸軍の軍装備や編制という純軍事計画は、陸軍の判断に委ねるしかないとして他力本願的な発言を行なう。

政府の後退姿勢が明らかになるにつれ、メディアの陸軍批判は一層厳しいものとなっていく。例えば、『大阪朝日新聞』[34]は、「軍制改革の行方は?　悪魔の声『縮小』嫌がる陸軍部内　宇垣陸相の苦心も空しく財政軽減など望なし」と題する記事を掲載。つまり、陸軍批判とともに濱口内閣の陸軍軍縮声明が一片の空宣伝ではなかったか、という疑問を提示したのである。

さらに、「今日までの経過に徴すれば今回の軍縮は実際上世間一般の期待とは甚だ縁遠いものとなり、㈠師団減少問題、㈡在営年限短縮問題などは、殆んどその実現の望みなき状態にあり」とし、陸軍側が所管官衙・学校の整理統合による若干の経費捻出で軍縮要求を回避しようとしているとした。

陸軍はこのマスコミの指摘を証明するごとく、「陸軍軍制改革の大綱」として次のような軍制改革方針を発表する。

一、航空兵科、電信鉄道等の特殊兵科に長期志願制度を採用してこれら等兵科の技術の向上を図ること。
二、現在の画一主義を排し各師団に各特殊の機能を持たしむるため師団編制の方針を改めもつて若干特科隊の整理廃合を行うこと。
三、歩兵科の部隊編制を変更して若干人員の整理を行ふこと。
四、馬匹の整理を行ふこと。
五、被服の改正兵卒食糧の節約によって衣糧費の節約を行うこと。[35]

これらによって捻出された経費は各種新兵器の採用装備費として充当されるとする。軍制改革に対する陸軍の基本方針は、国民世論の軍縮要求によっても、何ら変わることがなかったのである。師団削減、在営年限短縮などは、先の戦時想定に基づく編成基礎案の内容にも拘わらず、まったく無視される。これも政党勢力の後退姿勢を見て取った参謀本部の強硬方針が、これまで以上に具体化された結果であったと考えられる。

野党政友会の立ち位置

このような軍制調査会の審議遅延と政府・民政党の後退姿勢に対し、野党政友会が一九三一（昭和六）年度予算にさえ内閣の軍制改革案を反映できないのは、政府・民政党が軍制改革問題に無定見である証拠だとする批判を行なう。しかし、政友会自体についても、軍の整理縮減問題は、「軍部との十分な折衝討究の上でなければ、これら軽々に発表することを得ないのみならず、却（かえ）ってその実現を困難ならしめる」[36]とする発言に見るごとく、曖昧な姿勢を顕在化させていく。

政府および政党勢力の軍制改革問題への後退姿勢の顕在化理由は、(1)陸軍部内における宇垣陸相への反発・不信の増大を一つの契機として、参謀本部の主導権下にあった軍制調査会への政府の発言力が実質的に皆無に等しくなっていたこと、(2)そのため政府自体が結局は局面打開に向けて手の打ちようがなくなったこと、(3)ロンドン海軍軍縮会議に向け海軍軍縮が日程に上ってきたことから、その推移を見てから陸軍軍縮問題もその動向を睨んだうえで検討を進めたいという先送りの空気が政府内にも生じていたこと、などが考えられる。

いずれにせよ、この時期に至って、まさに、「今日では世間の期待しつつある如きいはゆる軍縮や軍事予算の削減には、独り参謀本部に限らず、部内一般に強硬な反対論があり、かくて宇垣陸相の軍制改革はここに一大頓挫（とんざ）を来すことになった[37]」のである。

これに加え、濱口内閣はロンドン海軍軍縮条約締結をめぐる、いわゆる統帥権干犯問題の処理・対応に精力を注いでおり、事態の深刻化に伴い陸軍軍制改革問題を一時棚上げの状況に置かざるを得なかった。

さらに宇垣の病気が追い打ちをかける。このため宇垣は一九三〇年三月以降からこの年の暮れまで実質的に政治の表舞台に登場できず、濱口内閣は宇垣陸相の処遇に苦慮する。これは、軍制改革問題における陸軍省の役割が決定的に低下していかざるを得ないという口実となり、参謀本部と教育総監部の軍制改革案作成作業遅延策を正当化させる。そのことは、「影が薄くなった陸軍軍制改革　宇垣陸相の病気とからんでうやむやに葬(ほうむ)らん[38]」とする記事に端的に表現されていた。

こうして軍制調査会発足から一年余りで、軍制改革作成作業は暗礁に乗り上げてしまったのである。それで軍制改革問題が再び政府と陸軍との間で交渉開始となるのは、次節で見る大蔵省が中心となる行財政整理が舞台となる。改革の主力が大蔵省に変わることで、軍事費削減は再び問題化する。

3　政府・民政党の行政整理構想と陸軍の対応

若槻内閣の軍制改革問題とその帰結

一方、貴族院の有力会派の一つであり、若槻内閣支持を打ち出していた同和会（一九二八年二月二一日創立）は例会を開き、陸軍の経済的改革、国民の負担軽減等の実行を政府に要求していく決議を行なった。これは、この時期に政府の内外で高揚してきた各省組織の経済化・合理化推進要求の象徴的事例である。また、民政党内でも同年二月の総選挙における単独過半数を得る大勝利（四六六議席中二七三議席、占有率五八・六％）を踏まえて、行政改悪問題への関心を深めていく。この路線の軍制改革問題を再検討したいとする空気が強まっていたのである。

そこで政府はこれに応えるべく、一九三〇年六月三日の閣議において、「昭和六年度の予算の編成に当り行政の刷新、能率の増進事業の合理化に付更に調査研究を遂ぐる（内閣閣中第三六号）[39]」ための行政刷新委員会を、内閣総理大臣を委員長に、内閣書記官長、法制局長官、大蔵政務次官を委員として設置する。この委員会は翌三一年四月一六日に行政整理準備委員会が設置されたことから、自然消滅することになったが、この組織は行財政にわたる整理方針の検討を行なう内閣の諮問会議組織の先鞭となった。

行政整理には特に所管事項の面からして、大蔵省が積極的な動きを見せていく。一九三〇年度予算の編成に着手していた大蔵省は、行政刷新委員会が設置された六月三日に行政整理の一環として陸軍省に対し、陸軍予算二億三〇〇〇万円中、約七〇〇〇万円の人件費を除く、一億六〇〇〇万円相当の経費の一割相当の一五〇〇万円（経常費九〇〇万円、臨時費六〇〇万円）程度の削減を要求し、交渉に入る。

これに対し陸軍は、⑴昨一九二九年度実行予算編成では、兵卒の衣糧分まで削減して相当額の節約を実施している現状から、多額の削減は不可能であること、⑵陸軍は軍制調査会で独自に削減額、削減方法を調査研究中で若干の節減計画もあり、この計画と別個に削減請求されても応答できないこと、⑶政府・大蔵省が行政整理の名のもとに削減を強行すれば、軍制調査会で進めている軍制改革案の作成は実現困難となること、などの理由を挙げて拒否する構えであった[40]。

行政整理の目的は、各省の行政機構・機関の縮小・整理によって、財政状況の深刻化を打開することにあった。これには各省ともほぼ承認済であり、陸軍だけが拒否することは、実際に相当困難だと陸軍内外で考えられていた。それゆえ、陸軍は行政整理問題への対応に苦慮することが予想される。

そうした状況のなかで、六月一九日に陸軍省は大蔵省に対し、大蔵省削減案一五〇〇万円のうち、節減および繰り延べ可能額は、経常費節減八〇万円、臨時費四二〇万円の合計五〇〇万円程度に過ぎないと回答。但し、大蔵省があくまで要求提示額の達成に固執するならば、大蔵省などを含む一般官吏の俸給引き下げを条件として兵卒衣糧費の削減に応じる用意があるとする[41]。

政府内部の異論

しかし、これには政府内部でも強い異論があり不可能であった。この他にも節減方法として動員計画の延長、兵卒の入営除隊の短縮が考えられたが、前者には参謀本部の、後者には教育総監部の強硬な反対があり実現の見込みはない。それで、結局大蔵省の要求提示額には遥かに及ばないため、大蔵省と陸軍省は、要求提示額の増減をめぐって折衝を重ねることになる。

内容的には前ページで述べたことと重複するが、再整理して具体的に示すと、大蔵省では行政整理方針達成のため、一九三〇（昭和五）年度予算の節減総額が八〇〇〇万円必要だとする。このうち陸海軍費節減を四五〇〇万円と割り当て、残り三五〇〇万円を陸・海軍両省以外の各省に要求し、これに対して各省は財政状況からしてやむを得ないとほぼ承諾していた。これに反して海軍省では三五〇万円、陸軍省では先述のごとく五〇〇万円をそれぞれ節約の上限とし、合計しても約八五〇万円以上の節減は無理であると結論し、重ねて大蔵省に回答。

大蔵省では、現状のままでは実現見込節約総額が陸・海軍両省を除いた各省で三五〇〇万円、陸・海軍両省の上限節約合計額八五〇万円の合計四三五〇万円の予想額の半分に過ぎず、しかも一九三〇年度の歳入欠陥が少なくとも六〇〇〇万円から七〇〇〇万円ほど見込まれていたことから、深刻な危機感を抱いていた。大蔵省の節減予定総額を達成しなければ、財政破綻は必至という状況である。このため大蔵省は、引き続き陸軍から譲歩を引き出していきたい考えであった。

軍事費削減による財政再建に全力を挙げていた大蔵省は、まず海軍省に製艦材料費支払延期の方法で繰延べを要求。大蔵省では同じ方法を陸軍省にも適用しようと考えていたのである。

そこで陸軍は、大蔵省の一九三〇年度実行予算削減要求への対応策として、とりあえずこれまでの軍制調査会の成果を内外に明らかにし、陸軍が軍制改革問題への熱意を保持していることを示す必要に迫られる。このため軍制調査会は、七月に入って連日のように開かれることになった。そこでは制度・機関の改廃に関する基本方針が大体決定されたのである。

それは、「一、所管官庁学校の改廃　二、特殊部隊の増設充実　三、人事即ち補充、充員等に関するもの　（中略）六、その他部内全般の制度改善に関するもの[42]」であった。この内容には、たとえ軍制改革が実施された場合でも、節減規模を最小限度に抑えておこうとする意図が隠されていた。引き続き、陸軍は軍制改革問題の中心課題とも言える編制装備に関し、一時棚上げ状態となっていた改革案の作成に取り組み始める。

これは、政府・大蔵省の行政整理方針が進展するに伴い、機先を制して陸軍の主導のもとに軍制改革案の完成を果たすためでもあった。この時期陸軍は、作戦計画に基づく戦時要員数が決定されれば、編制装備の成立は技術的に容易であって、その具体案を出すまでには、それほど日数を要しないとする。しかし、戦時要員数の決定自体が簡単に結論の出るものではなく、陸軍の軍制改革問題に関する言明と実行意志には、陸軍外から疑問視される。

また、先に大蔵省から要求されていた兵器製造費他の予算支払延期方法について、予算繰延策には、陸軍の兵器の大部分が陸軍造兵廠で製造されており、仮に兵器製造費が繰延べされた場合、造兵廠の特別会計は運転不能に陥り、多数の熟練工の解雇が余儀なくされる事態が発生するという理由から強い難色を示す。[43]

抵抗続ける陸軍の思惑

大蔵省の支払延期方法による実質的軍事費削減には、以前から野党政友会が「驚くべき暴挙」[44]だと批判。政友会は先に大蔵省が実施した海軍省に対する支払延期策は、予算の根本を破壊し会計法に抵触するものだとする見解を表明。これに勢いを得たこともあって、陸軍は大蔵省の支払延期策という、いわば軍事費削減の最後的手段には断固拒絶の方針を固める。

その代わりに陸軍としては、可能な範囲で妥協案として、一九三〇（昭和五）年度の勤務演習・召集と教育召集の一部を中止あるいは期日の短縮を実施。これを三一年度に繰り延べることで経費捻出を図ることを決め、各師団への調査を指示する。しかし、これが実現して従来の節減経費五〇〇万円に上乗せした七五〇万円に二五〇万円程度しか追加出来ず、合計一〇〇〇万円程度では大蔵省要求額の一五〇〇万円との格差は歴然としていた。

このため陸軍では、さらに演習費、兵器等において翌年への繰越しおよび使用される額が、毎年三〇〇万円から四〇〇万円あることから、これを一時節減に加えて大蔵省要求額に接近させようとする。

軍制改革による経費捻出方法として、陸軍外部から最も期待されていた兵力編制・装備に関する軍制調査会の方針については、参謀本部主導のもと同調査会として、平戦両時の兵力編制・装備を陸軍の用兵綱領、作戦計画の変更を要しない範囲で改正することを原則として確認させる。そのなかで特に平時兵力の減少の方法として、従来から考えられていた次の三案で対応することにした。

すなわち、「一、師団を減少する案　二、師団を減ぜず師団の内部を縮小する案　三、両者の折衷案」[45]である。審議の結果、第一案の師団減少案は、参謀本部の以前からの強固な反対があり、結局、第二案と第三案とを併用して今後検討を加えていくことになる。それと同時に現有師団に見られる編制思想の画一主義を打破し、想定戦場を考慮して各師団に装備の差などを設け、作戦・戦場などに応じて柔軟な作戦行動が執れるよう師団改編の実施することにした。

なお、『東京朝日新聞』一九三〇年八月一日付社説「陸軍整理の失敗」は、軍制改革の組織替えをもって事実上の解散だと断定し、それは陸軍整理が失敗したことの証拠であると記す。そして、失敗したのは軍制調査であって整理節約の方法は残っているとし、それは政府主導による政治的解決をおいて他にないと結んでいる。

遅延する軍制調査会の作業

こうして再び軍制調査会の作業が開始され、相変わらず参謀本部の主導のもとに展開されだした矢先、一九三〇（昭和五）年八月一日の陸軍定期異動を機会に軍制調査会の組織替えが行なわれる。それによると、陸軍省の各局課の上部と独立していた軍制調査会の事務を陸軍省各局課の常務に分担させる。そして、調査会幹事若干名は各局課に配属させて在置し、幹事長は林桂少将の整備局長就任に伴い廃止することになった。

ここに軍制改革調査会という陸軍各機関から抽出された構成員によって組織された独立の審議機関は、事実上廃止される。陸軍がこの時点で、こうした判断を下すことになった理由については、軍制改革に必要な制度、法規、命令等に関する調査が一通り終了し、改革方針の大枠も一応決定したことを、建前として挙げる。

ところが、実際には、軍制改革の本論ともいうべき装備・師団の縮小規模などについては、依然として具体的な実行案は出ていない。陸軍側の説明によれば、その実効案は今後三長官会議によって決定されることになる、とのことであった。しかし、この三長官会議が、これまでの経緯に見られるように、軍制改革の基本的問題をめぐって、特に陸軍省と参謀本部および教育総監部との間に相当の見解の相違が見られる。しかも当初の陸軍省主導の軍制改革が、後者の両機関の主導によって展開されてきていることを考え合わせるならば、軍制調査会に期待された陸軍整備は事実上頓挫した状況にあった。[46]

軍制改革問題の中心課題の一つで、同時に未解決のままに残されていた在営年限短縮問題を軍制調査会は次のように考える。

すなわち、「第一案、任意制度となる現在の青年訓練を義務制度として全兵科の年限短縮を一律に一年半に短縮する案　第二案、青年訓練制度を現制の通りとし青年訓練の査閲に合格した者に対しては兵科の如何を問わず（現在は歩兵のみ一年半）一年半に短縮する案」[47]というもの。このうち第一案を採用した場合には八〇〇万円の節減が可能とされたが、これを実施するにあたっては下士官の増員、教育機関・資材の整備が不可欠であり、これに四〇〇万円余りを要することから、実際の節減経費は四〇〇万円ということであった。

このように陸軍は、政府・大蔵省の軍事費削減要求に、徹底して一定額以上は応えようとはしない。そこには陸軍、特に参謀本部の強い意向が反映している。陸軍省はその時点で政府と参謀本部の仲介役を演じてはいたものの、次第に参謀本部の非妥協的姿勢に押し切られ、これに同調していく。

軍制調査会の改編と行政整理構想

改編された軍制調査会は、一九三〇（昭和五）年八月二〇日に開催。そのなかで三〇年度からの国防充実を目的とした兵器・航空の充実、要塞の整備、部隊改変等の既定計画について検討が加えられる。

一九三一年度以降に残存する国防充実費は、兵器充実費三億五六五六万円、要塞整備費七二五六万円、航空整備費六三六万円、部隊改編費八二四万円、継続費二五四五万円で総額四億六九一七万円に達していた。それで三、四年後には近年の一九二九、三〇年度分の繰延べによって国防充実費の年額平均が六〇〇〇万円から七〇〇〇万円の割り当てとなるとする。

しかも、これに加えて今期の軍制改革によって陸軍は、装備改善費を必要としていたことから、相当額の臨時費計上が予測された。それで軍制調査会では国防充実費の内容に検討を加え、既定経費のなかから多少の節減を実施する考えであったのである。

また、この時期の新聞報道によれば、軍制調査会は軍備改善費の要求を含む軍制改革案を次の通常議会に追加予算として提出する意向を持っているとされた。しかし、国庫に剰余金が絶無の状態で、本予算に計上しないで追加予算とすることは実際不可能である。一方、大蔵省は一九三一年度予算編成において、行政整理方針を具体化するため、九月中旬には各省に節減要求額の提示を実施する予定であり、これとの関連で軍制改革案の内容も当然左右されるはずであった。

しかし、軍制改革案作成作業の進行具合や調査内容からして、軍制改革案が一九三一年度予算に明示されることは困難な状況にあった。それどころか先述の通り、この時期に至って陸軍は国防充実費の改造計画を提出してきており、緊縮財政の成果を予算化しようとしていた大蔵省の側の意向とは逆に、軍事費削減をまったく拒否して、軍事費増額を要求した軍制改革案を提出する可能性すらあったのである。

こうした状況に加え、一九三〇年一〇月に入っても宇垣陸相、さらには武藤教育総監の病気回復の見通しがつかなかったことから三長官会議を開催できず、従って軍制改革案の具体的実行案の審議・作成が進展しなかった結果、軍制改革の実施案を三一年度の予算に計上することは予測通り不可能となる。

陸軍の態度は、この三一年度に軍制改革案を計上する方針は維持していたものの、その実施時期については陸軍側の判断にあり、政府側に拘束されないとする考えを持っていた。それで、軍制改革が次年度予算においても実現される見込みがなくなり、世論やマスコミの間では再び陸軍への厳しい批判が起こる。

世論やマスコミの動向を見た陸軍は、軍制改革への取り組みは引き続き実行し、遅くとも一九三一年一月までに具体的改革案を提示すること、本予算・追加予算とも計上不可能であるが、三二年度よりの実行案として諒解を求めること、兵員の減少、装備改善、その点については言明を避けること、といった諸点についての方針を決定する。

さらに一九三〇年一〇月二一日には軍制調査会が開かれ、参謀本部が作成した平戦両時における編制装備に関するいくつかの案と、陸軍省が作成した概略の予算計画に基づく軍制改革案について討議が行なわれる。

この結果、具体案を翌一一月中旬に作成して陸軍大臣に提出することを確認。但し、同案の実施は明年度の予算に計上するとした。それで、大蔵省が要求している三一年度予算に向けての節減は、この改革案を具体化するためにも、要求通りには答えられない旨を政府に報告し、諒解を求めることにする。[48] これは、事実上の軍制改革実行の引き延ばし策であり、こうした一連の態度からしても陸軍の軍備整理への意欲はまったく見られなかった。むしろ、逆に国防充実の名のもとに、軍制改革を媒体にした軍備拡充路線を再び表面化させつつあったのである。

民政党の軍縮への動き

与党民政党は、財政状況の深刻化と歳入激減の現実化に対し、軍制改革の見通しと、その実現に向けて一層政府への働きかけを強めていく。そのことは、党総務会において官吏の俸給減額と陸軍縮小とが論議され、そのなかで「陸軍縮小は負担軽減の見地よりして是非必要であるから、師団減少やあるいは兵数の減員等により徹底的に軍縮の実を挙げ、この結果を是非来年度予算に計上出来るよう近く国民負担軽減委員会の議をまとめて政府に進言したい[49]」とする見解を明らかにしていることからも知れる。

また、これに先立つ一九三〇（昭和五）年九月二五日に党本部で政務調査会が開かれ、そのなかで全盲の政治家として知られた高木正年（たかぎまさとし）委員は、「我党は更に政府を督励して陸軍軍備の整理をなさしめて国民負担の軽減に実を挙げたい」[50]とする陸軍整理実現へ向けての決意を披露していた。その際、次の三点の申し合わせを行なっている。

㈠民政党の行政特別整理委員会の決議せる陸軍軍事費節減に関する案は、政府を鞭撻（べんたつ）してこれを遂行せしむる事。

㈡憲法第一二条にいわゆる常備兵額を定むることは国政なるが故に、国務大臣は自己の信ずる兵額を定む事。

㈢軍部大臣文官制の確立を促進する事。[51]

このうち第二、第三はさらに研究を進めることとし、申し合わせの焦点も軍制改革の推進・実現に置いた。

作成月日は不明だが、この時に民政党の政務調査会は行政整理案を策定している。それによると「整理方針」として、以下の内容を列記する。

一、根本的大整理を為（せ）すこと。

二、政府が決心せば実行し得るものにして、来年度予算に其の結果を現はし得るものたること。
三、政務及事務の簡捷、合理化、能率増進を図ると共に、経費を節減し得るものたること。
四、国家財政の現状、時勢の進軍及与論の趨勢に鑑み、條理に従ひ何等の情実等に捉はれざること。
五、本整理案は大綱に止め細目は之を略すること。[52]

そして、具体的な整理案のなかで、「第八、軍部の整理を徹底せしむること」の項を設け、その内容として、「十七個師団を十四個師団に減ずるか又は歩兵旅団司令部を廃し、一個師団の歩兵を三個連隊と為すこと。二、陸海の貯蔵する戦用準備物件は制作に長時間を要するものを除き、努めて其の貯蔵を少くすること。三、陸海軍の官衙、学校及特務機関を整理すること」[53]とする。ここでは師団の削減が明確に打ち出されており、極めて注目すべき内容のものであった。

さらに、政務調査会は同時期に「財政整理案」を決め、そのなかの「陸軍経費節減」の項目において節減経費の目標額を提示している。これも少し細部に関わるが列記しておく。

一、四個師団の兵数に相当する兵数を減ずること。但し、師団数は減ぜざること。右節約金額二千万円他。
二、国防充実に付昭和七年度以降同九年度は其年割額の三割を減じ、繰延を実行すること。但し昭和十年度以降を年額の十七分の四を減ずること。右節約金額五百二万三千円（昭和七年度分）。
三、土地建物整理費に付きては昭和七年度以降五年間割額を半減し、繰延を実行すること。右節約金額六拾五万円也（昭和七年度分）。
四、震災復旧費に付きては昭和七年度以降五ヶ年間年割額を半減し、繰延を実行すること。右節約金額五拾万円也（昭和七年度分）。
五、本省定員二割減、八拾万円也。[54]

これらの案の実施によって、二六九七万三〇〇〇円を節約できるとする。こうした党内の動向は、「政府与党の重要政策を実現する上からも、思切って今少しく陸軍の大整理を断行して欲しい。軍制改革の結果も是非来年度予算においては、国民の期待に副ふやう実現すべき旨を第五九議会に何等かの形式で声明してもらいたい[55]」とする要求を政府に進言することで、ほぼ一致していたと考えられる。

劣勢に回る陸軍

民政党に代表されるように、行政整理を目標として陸軍縮小の声が一段と高まってきたことに対し、陸軍側では軍制改革を進めている最中に行政整理の対象とされることは、軍制改革自体の実現を不可能にする、との理由から絶対反対の姿勢を崩そうとしない。逆に陸軍側としては行政整理の対象から逃れるためにも軍制改革案を、遅くとも一九三二（昭和七）年度予算に盛り込む必要に迫られ、三一年三月までには軍制改革の成案を得たいとの意向を持っていた。

さらに陸軍側は、一九三〇、三一年度に各省に劣らぬ節減繰延を実行しており、これ以上経費捻出は国防上の観点からも不可能となってきたこと、また、陸軍軍縮は一国のみで実施されるものではなく、陸軍全廃を前提とした世界同時軍縮への過程で初めて軍縮は成立する、といった理由によって予防線を張るに至る。[56]

軍制改革による陸軍整理あるいは縮小は、財政状況や世論・マスコミの反応からして、陸軍としてはいよいよ追い詰められた格好となってきたのがこの時期である。つまりは陸軍自体が軍制改革の行き詰まりを認めざるを得ない状況に置かれていたことは明白であったのである。

しかも、軍制改革案が遅延している原因には、陸軍の主導権が次第に参謀本部と教育総監部に移行し、そのため統一的な改革案を得るためのリーダーシップの不在が考えられる。そしてこの時期、陸軍は内外にわたって危機的な状況に陥っていた。

すなわち、(1)ロンドン海軍軍縮会議の進展に伴い、陸軍部内にはこれに反発する勢力が増大し、海軍型軍縮の陸軍への転用に対する危機が強まり、軍縮への警戒心が強まったこと、(2)政府・民政党の行政整理によって陸軍の政治的発言力が削がれ、陸軍の政策構想が修正を余儀なくされる可能性が出てきたこと、(3)国家財政状況および国際的軍縮世論の高揚に伴い、陸軍自体が反軍縮、軍備充実の理由を見いだせなくなっていたこと、(4)世論・マスコミの予想外の根深い陸軍への不信感と軍縮要求の存在したこと、(5)ロンドン海軍軍縮条約締結の成功による内閣の反陸軍あるいは陸軍の制度改革への意欲向上、などである。

これらのことが渾然一体となって陸軍の孤立感・焦燥感を深めていき、陸軍はいわば閉塞状態に追い込まれていく。これ以後、軍制改革問題をめぐって政府・民政党・国民世論と陸軍との間に、再び対立・妥協が繰り返されるなかで、陸軍は非政治的解決への道を模索し始めていくことになる。

4　若槻内閣の軍制改革問題とその帰結

若槻内閣の陸軍組織整理要求

濱口首相は、一九三〇（昭和五）年一一月一四日に暗殺未遂事件に遭遇して重傷を負う。それが原因で内閣総辞職を余儀なくされるに至る。そのため後継者として若槻礼次郎（わかつきれいじろう）が、翌三一（昭和六）年四月一四日に再び民政党内閣を組織。陸軍大臣には南次郎（みなみじろう）大将が就任した。若槻内閣は成立の翌日に初閣議を開き、行政・財政・税制の三調査会の組織と実行順序を決定、これを若槻内閣の最大の任務とする。三調査会設置の目的は、経済不況のなかで歳入欠陥に対処し、行政・財政・税制の三つの面から整理を断行し、整理案を明年度の予算に組み込む所期の目的を達成することであった。

四月一八日、財政整理準備委員会および税制整理準備委員会の連合会議が大蔵省で開催。席上井上準之助蔵相(本書一九三頁など参照)は、「目下の財政経済の状況より見て、一大決心を以て本行政財政税制の委員会を設け」[57]た、と述べる。

そして、行政・財政・税制の三大整理の実行順序として勅命による各別の調査会設置前に閣議決定の後、(1)各別に準備委員会を設置すること、(2)各準備委員会の調査は遅くとも七月中に完了すること、(3)調査会と行政調査会と税制調査会の三つとし、六月から七月に勅命制定の手続きをとること、(4)調査会は遅くとも八月中に調査を終了し、内閣総理大臣に報告する。[58]このうち、行政整理については、「昭和七年度新規財源概算」によれば、減俸などの処置を中心として合計一七四七万円の経費節減を実行目標とするとしていた。[59]

いずれにせよ、若槻内閣の行政整理の成否は、やはり軍制改革の進展如何にかかっていた。それで若槻首相は宇垣前陸相にも援助を依頼し、南陸相にも陸軍の整理実行を求める。

南陸相に対して、マスコミなどは彼が軍令・教育系統を中心に歴任したことから軍政関係には不案内で、政治的活動が必要とされる軍制改革担当者としては不適当であること、また南陸相が以前より軍の機械化や化学兵器の活用を主張してきたことなどから、一連の軍制改革の目標を陸軍整理による軍事費削減におくのではなく、軍の近代化・化学化にしてくることが予測される、としていた。

行政整理準備委員会

先の三調査会のうち、行政整理準備委員会の初会議を、一九三一（昭和六）四月一八日に首相官邸で開催、各省に対してその定員表、局課の仕事の性質等に関する書類を提示するよう要求。そのなかで特に陸軍に対しては、「陸軍の軍制改革を督促すること」[60]を決め、積極的に働きかけていく。それと同時に、行政整理の成否が濱口内閣期の経験からしても、陸軍の処遇いかんにかかっているとする認識を持っていた。

第二次若槻内閣の行政整理の一環としての陸軍整理による軍事費の削減を目標とする軍制改革案に対し、陸軍の対応は次のようなものであった。すなわち、この時期までに陸軍当局は濱口内閣成立以来すでに節減繰延べを合計七〇〇〇万円ほど捻出済であり、これをもって十分に節減成果を挙げたとする考えである。

陸軍としては、各種火砲の充実、機械化兵団の設置、航空機・化学兵器の拡張等のために巨額の経費を必要としており、多少の兵力を削減しても以上の拡充費を充当できず、いわんや軍事費自体の削減など到底できないとする。[61]濱口内閣後期には、陸軍が打ち出した国防充実計画達成のためには軍事費削減は不可能とする態度を繰り返し強調していたから、南陸相登場を契機に反転攻勢を強める目論見を持っていたと考えられる。

実際、この時期陸軍では、軍備拡充計画を意図しており、新規要求に関するものは、一〇年ほどの間に第二次、第三次補充計画をつくって具体化していくこととし、その時の財政状況を考慮して予算請求を行なっていく意向を明らかにしていく。

ここに陸軍は軍事費の削減を目標とする軍制改革を明確に拒否し、あくまで装備充実のための軍制改革を梃子とする軍拡路線推進の方針を明らかにしつつあったのである。

常備軍の非経済性

行政整理準備委員会は、一九三一（昭和六）年四月二三日に主査委員長井上蔵相、補佐委員江木翼鉄道相、同川崎卓吉書記官長、同黒崎定三・金森徳次郎両法制局参事官等が出席して開催。席上、臨時嘱託として出席した元興銀総裁志立鉄次郎（当時、経済改究会会長）は、国民負担軽減の見地から行政整理の規模について、現在国民総所得が約一一五億四〇〇〇万円で国民の負担はその一割、つまり九億五八〇〇万円位にする必要があるとする。

当時の一年間の国家予算は一六億九〇〇〇万円であるから、その差額六億五一〇〇万円分を国家予算と全国市町村予算との大幅削減によって捻出するとしたのである。そのためには、特に現在の行政各部の整理廃合を徹底して実行すべきであるとし、陸・海軍両省の合併による国防省の設置を説く。さらに各種の整理の中心となるのは、やはり軍事費と教育費の二つで、なかでも陸軍に関しては現在の一七個師団を一〇個師団に縮小するとした。[62]

四月二一日には、民政党は総務会を開き、行財税整理の具体化に向けた討議を行なう。そのなかで党内に国政改革調査会を設置し、行財税整理の各分野、各範囲別の準備案を作成する。その調査事項では行政組織、各種制度の根本的改革を実現するために次のようないくつかの案が討議される。それは、⑴陸・海軍両省を廃止して国防省を新設すること、⑵保険を官営とし国家財政の基礎を確立すること、⑶官立大学を廃止し大学・高等専門学校はすべて私立として教育制度を抜本的に改革すること、⑷鉄道・逓信等の現業庁を一括して産業省とし、そのほかにも社会政策のために社会省あるいは労働省を設置する等各省および各局課の大廃合を行なうというもの。[63]

行政組織の再編整理を目的とした国政改革調査会、行政整理調査会のふたつの調査会において注目すべきは、歴代の内閣および諸政党が手をつけかねていた軍部組織の改革自体もその実行対象としていたことである。

すなわち、調査項目のなかに、「一、軍部組織を合理化し参謀本部、教育総監部、海軍軍令部を廃止すること　一、海軍大臣を文官制とし、帷幄上奏を廃止すること　一、陸海軍両省を国防省もしくは軍部省とすること」[64]を入れたことである。

行政整理の再編整理のなかに軍部大臣文官制の導入と帷幄上奏の廃止という軍部の最大の特権を正面から否定した内容を盛り込んだことは、民政党自体がそうした軍の特権制度を崩していかない限り、軍制改革がいつまでも陸軍主導のもとに展開され、それの原因が行財税整理において何らの実効を得られないとする判断があったからに他ならない。

しかもこれら民政党・政府の一連の軍部改革要求には、その背景にブルジョアジーの経済的判断、すなわち肥大しきった常備軍の維持が経済不況にあって相当程度に負担となり、経済的活力を抑制し、それが経済的回復力を遅らせる原因となる、という認識があったのである。

軍制改革最終案の作成

一九三一（昭和六）年五月一日から三日にかけて三長官会議が開かれ、軍制改革案の大綱を決定し、南陸相がその内容を政府に報告する。それはこれまでの経緯から予測されていた通り、軍制改革によっても経費節減は事実上不可能という結論を前提としたものであった。

三長官会議の内容を追ってみると、まず第一日目に小磯国昭軍務局長（本書一一六頁など参照）が、これまで研究調査されてきた各種軍制改革案の説明を行なう。これに対して南陸相が、「一、国防上欠陥を生ぜざる範囲内において経費の節減を計ること。一、軍容を刷新すること。一、編制装備の改善をなすこと[65]」を根本方針として軍制改革を進めたいと釘を刺す。経費節減をしながら「軍容刷新」と「編制装備の改善」を実行することは、現実には無理であった。南陸相も宇垣前陸相同様に軍装備・編制整理を口実とする実質的軍拡路線を踏襲していく意図を明らかにしていたのである。

しかし、その南案にたいしても参謀本部は、「国軍の威力を減殺するが如き改革をなすことは断じて同意し難い[66]」と述べ、南陸相の軍制改革による経費節減は不可能である旨を表明。これに対して南陸相は、財政状態を無視した軍備充実は実行困難であることを強調する。

こうして再び陸軍省と参謀本部との間で意見の対立が表面化したが、結局、「経済的軍備建設」という点で妥協・一致が図られ、最小限度の装備改善を実施し、余力が生じた場合に限り経費節約に振り向けるということで折り合うことになった。これは、参謀本部の見解に陸軍省側が譲歩したというのが真相であろう。また、懸案の師団減少問題について、参謀本部は従来通り断固反対の見解を繰返す。

これに対し陸軍省側から一個師団二旅団編制を一個三連隊制にするという案が提出されたが、これも戦略的価値を弱めるという参謀本部の主張で実現せず、代わりに三個連隊制の軽師団を二個ないし三個編制にして、これを戦略単位とする案が出される。

また、戦術単位である大隊を三個中隊制にする案も出されたが、教育総監部より教育訓練上不都合な点が多いという理由で反対された。このように陸軍省の軍制改革案は、ことごとく参謀本部と教育総監部によって拒否される。逆に参謀本部は軍の機械化・化学化および機械化兵団の創設を力説し、軍改革は翌一九三二年のジュネーブで開催予定の国際軍縮会議の結果を見て進んでも遅くない、といった見解を明らかにしていたのである。

反故にされる国防充実案

陸軍省が目標とした経費節減による国防充実案は、結局、参謀本部と教育総監部を説得するに至らない。それで三長官の意見の一致が事実上見出されない以上、軍制改革の具体化は、この若槻内閣においても疑問であった。従って、この時点での軍制改革問題の焦点は、師団編制の改編・合理化によってどれだけ余剰経費を捻出できるかにかかる。

一九三一（昭和六）年五月三日になって陸軍三長官会議は軍制改革案の決定を行なう。このなかで師団改編について、次の三案が提出された。

それは「一、軽師団として三個連隊制の機動性に富む師団とするもの。一、戦車装甲自動車等をもってする機械化師団とするもの[67]」である。これは従来の参謀本部主導の軍制改革案の焼き直しに過ぎない。ここでもまた「軍政改革の大綱」決定における三長官会議での陸軍省側の譲歩を窺うことができる。この大綱は、実現すれば経費捻出どころか軍備充実するものであり、正面装備・兵器体系の精密化・高度化を目指したものであることは明白であった。

南陸相は大綱決定以後の談話で、軍事費削減による節減経費の国庫還元への努力は続けているとしつつ、装備充実費の捻出のためには師団減少は不可避であるが、それも相当困難であるから、減師は最小にとどめる。それで「各兵科の廃合、並に戦闘単位及び戦術単位の人員馬匹を多少づつ減じ[68]」ると苦しい説明を続ける。これは当初の南軍制改革構想（本書二三六頁参照）と比較しても大幅に後退した見解である。

それでも南陸相としては軍近代化・合理化を前提とする減師の意欲を捨てていなかったものの、金谷範三参謀総長は、「今日日本の立場を以て国防上欠陥なきを期するうえには、戦略単位を減ずることには同意し難い[69]」とする。また武藤教育総監も、「戦略単位の減少ということは容易ならざる問題であるから、教育上の不便は忍んで減師には賛成し難い[70]」とする見解を披瀝する。こうして減師の可能性はほとんどなくなる。

三日間にわたって開かれた三長官会議で確認されたことは、(1)軍制改革が軍の近代化・合理化を目指したものであること、(2)その結果節減経費が捻出されたとしても、その額は精々二〇〇万円から三〇〇万円程度であること、(3)逆に国防充実のためには財政好転の機会にあらためて充実経費を政府に要求していくこと、などである。

より具体的には軍馬補充部の整理、輜重兵と騎兵の整理統合、築城本部と建築課の統合、学校・官署の整理等によって人員約二万人相当の削減を図るというもの。これに対し、一九三一年五月四日付の『東京朝日新聞』は、「戦時人員は減ぜられぬ。従って平時兵力も現状を維持しなければならず、装備だけは列国なみにしようといふのでは、勢ひ軍備拡張になるのは当然である」と喝破。現行の軍制改革が軍備整理を名とした軍備拡大政策であると批判する。

棚上げされる軍縮要求

一方、三長官会議の結果を注目していた政府は、軍備整理による節減経費が宇垣軍縮（一九二五年）当時のように編制・装備に振り向けられることを警戒。政府としては、今回の軍制改革が海軍の軍縮と同様に世界の態勢に順応したものであり、軍事費削減こそ、世界的な軍縮気運を反映したものと強調する。同時に国家財政危機の現状を打破するという国内的課題にも応える最も重要な政治課題としていた手前、陸軍に対しては今後も強い態度で臨むことにしていた。

また、行政・財政・税制の三大整理実施によって財政危機を打開する意向であったことから、一九三一（昭和六）年五月二五日から二七日にかけての道府県会議長会議、五月二七日の政府与党協議会、五月二八日の行政整理準備会等の会議では、いずれも行政・財政・税制の整理遂行が強く訴えられていたのである。

こうした状況のなかで南陸相は、五月二九日の閣議の席上、六月中には軍制改革の確定案を得る見込みである旨を報告。近々開かれる三長官会議によって軍制改革の最終案決定が間近いことを明らかにする。しかし、以上の経緯からして、参謀本部の軍制改革案が陸軍の総意として確認されることは、この時点で十分に予測された。

五月二七日には軍制改革問題で五回目の三長官会議が開かれ、その最終案が決定される。その概要は次の通りである。[71] まず、⑴国庫の内容充実と刷新、経済的軍備確立に努め、二個師団程度の減員実施を軍制改革の目的とし、重軽師団の併用設置による編制の改善、財政状況に応じて陸軍装備を欧米諸列強の水準に引き上げること、⑵朝鮮への一個師団増設を目標として確認すること、⑶官署廃合によって経費捻出を図ること、⑷特科兵の一部に在営期間の短縮を実行すること、などである。

これら軍制改革最終案は、従来、参謀本部が繰り返し主張してきた軍装備充実＝拡大路線を陸軍の総意として定着させることになった。また、陸軍では以上の最終案を大体三年から六年単位で実行に移したいと逃げを打つ。

これで軍事参議官会議での審議を残してはいたが、事実上政府、国民世論の軍縮要求は拒否された格好となったのである。

深まる陸軍省と参謀本部の溝

この軍制改革最終案をめぐって、陸軍省と参謀本部との対立が再び生じる。すなわち、一九三一（昭和六）年六月二七日の三長官会議の席上で南陸相は、陸軍があくまで経費節減の成果を提示せず、軍装備の充実だけに固執すれば、反軍の国民世論の高揚は必至と発言。しかも、三二年二月開催予定の国際軍縮会議を控えて、陸軍は一層窮地に陥る可能性があると力説。これに対して金谷参謀総長は、「作戦用兵の見地から装備の充実内容の刷新を計るにあらざれば、国防の責に任ずるに不安を感ぜねばならぬ[72]」と強硬に反対する。

一方、軍部側の強硬案に対し、政府と民政党でも行政整理案をめぐり、見解の相違を来していた。すなわち、近く開催予定の政府の臨時行財政審議会に向け、民政党委員（富田幸次郎、片岡直温、頼母木桂吉）は、党の行政整理案と、政府が行政整理準備委員会で調査研究中の原案とは相当の開きがあることを指摘していたのである。

民政党内に設置された行財政整理調査会および政務調査会は、軍制改革実行可能案として、「一、四個師団の兵員数に相当する兵員数の減少（節約額二〇〇〇万）一、国防充実費、土地建物整理、震災復旧費等の減額、繰延べその他本省定員二割削減（節約額六七〇〇万円[73]）」の二つを挙げる。民政党は、この線に沿ってあくまで軍備縮小の実現を政府に迫る。この結果政府は、「政府としては軍部の意図として同軍拡案〈軍制改革最終案のこと―筆者注〉はこれを容認するが、案の完成実施についてはは国庫財政の緩急により可及的軍部の意向を尊重して適宜これを行ふ[74]」こととする見解を持つに至る。

これは財務的操作によって陸軍の面目を立て、他方政府の国民に対する責任を果たそうとする極めて姑息なものであり、政府は要するに軍備整理への熱意を失いつつあったのである。そのことは民政党内の軍備整理の徹底化を主張する勢力を無視することによって証明された。

こうした陸軍内部、政府と民政党間の対立を含みながらも、軍制改革最終案は、一九三一年七月一日の軍事参議官会議で承認される。この内容に関して、翌二日に南陸相より若槻首相に説明が行なわれる。その際、肝心の経費捻出問題について、南陸相は、「軍政改革によって生ずる経費は全部編制装備の改善に充当し国庫に返さないが、一般行政整理の方は、他省なみにこれを行ひなるべく政府の所望に応じ国庫に寄付する方針である[75]〈傍点―筆者〉」と説明。

その一方で陸軍側は、「編制装備の改善は、緩急に応じその大部分を来年度予算に計上し、最大限度五年間位に実践を期し、一部分は昭和八年度以降に着手するものもあるが、これらは全部陸相と政府との交流に一任する[76]」とあたかも経費節減に協力するかのような、相矛盾する発言を敢て行なう。

譲歩の限界

陸軍内部ではこの軍制改革最終案ですら、最大限度の譲歩とする考えがあった。すなわち、杉山元陸相（本書二一〇九頁など参照）は、「本軍制改革案は、実に陸軍としては、最小限度に於て軍容を刷新し、内容を充実せんとする一方、窮迫せる国家財政にも順応せんことを期し、二年の日子を費し、慎重審議を重ねる努力の結晶である」[77]と述べる。また、宇垣前陸相も、「今後尚国庫の欠乏を補填すべき目的の為に、陸軍々備の節約は国防当局者としては堪へ得る所にあらず。尤も各省並の行政整理は勿論人後に落ちざる程度のことは成すべきも、国防力の減少を意味する如き節減は、容認の余地殆んどなしと認める」[78]と日記に記す。これ以上の軍事費削減要求は、事態を紛糾させる恐れが多いとしたのである。

さて、一九三一（昭和六）年七月一四日に南陸相は井上蔵相に対し、軍制改革最終案について、その大綱を説明。その中で肝心の経費捻出については、大蔵省要求額一五〇〇万円に対し、四〇〇万円の捻出しかできないことを重ねて通告。こうして、軍制改革問題は、結局、軍部主導のもとに一応の結論が出された格好となる。

その後、軍制改革最終案は、九月一日の若槻首相、南陸相、井上蔵相の三者会談の結果、「陸軍軍制改革大綱」として、その大枠が承認された。さらに同月一八日の満州事変を挟んで、一二月三日に開かれた軍事参議官会議で、その具体的事項についても最終決定がなされ、後は政府提出という体裁を採って帝国議会における審議を待つだけの状態となる。

ところが、翌年一九三二年一月に至って、犬養毅政友会内閣当時の荒木貞夫陸相を中心に、「大綱」の見直しの議論が起こる。そして、結局、「大綱」の着手を見送り、同年一二月には新たな軍拡案である「時局兵備改善案」が発表され、実行に移されていく。このように以後陸軍の軍拡路線は、満州事変を転機として公然と軌道に乗せ、対英米蘭戦争に至るまで連綿と継続されることになる。

この当時の背景には、満州事変の処理をめぐり政府の曖昧な姿勢があった。すなわち、満州事変が起きた当初、第二次若槻内閣は陸軍の強行姿勢に歯止めをかるべく戦線不拡大の方針で臨んだ。しかし、次第に陸軍拡大派に引きずられることになる。若槻内閣は断固だる姿勢を維持することができないまま、結局は派兵増加要求を受け入れる。こうしたなか、若槻内閣の有力閣僚であった安達謙蔵(あだちけんぞう)内務大臣が野党政友会との協力内閣案を打ち出すや、内閣不一致となって総辞職に追い込まれる。

若槻内閣を継いだ犬養毅政友会内閣は、陸軍強行派の荒木貞夫陸軍大臣によって、結局は拡大路線に走る。荒木陸相は徹底した反議会の姿勢を貫く。政の神様とも言われ、かつては護憲運動の旗手であった経歴を持つ犬養首相ではあったが、陸軍強行派を抑えきれず、さらには五・一五事件に遭遇して射殺されてしまう。こうして犬養首相が死去することによって、原敬政友会内閣以来続いた政党政治は終わりを告げる。犬養首相を継いだのは海軍大将である斎藤実であった。

軍制改革をめぐる対立と妥協

以上における軍制改革案策定過程をめぐる政軍の対立・妥協、そして帰結までの実態を追うなかで得られる指摘は次のようなものである。

第一に陸軍の総力戦準備との関連での参謀本部の役割についてである。すなわち、前回の山梨・宇垣軍縮による軍近代化論は、政治的・経済的状況に適合した柔軟性のある姿勢のもとに総力戦準備を推進することを目的としたものであった。このいわば宇垣軍縮型による総力戦準備は、特に参謀本部の幕僚層の反発に押される形で具体化されつつあったが、同時に陸軍内部の矛盾・対立をも蓄積させるものであった。

それが一九三〇年代軍制改革構想あるいは軍制改革案作成過程において表面化し、同時に参謀本部はその作成作業の主導権を掌握していくのである。このことは、宇垣軍縮型近代化による総力戦準備が転換を余儀なくされつつあったことを意味している。三二（昭和七）年一二月の「時局兵備改善策」に象徴される軍備拡充計画の作成と着手は、当然に政府・政党勢力・国民世論の反発を招くことになったのである。

これに対し陸軍は国防思想の宣伝普及の一層の強化と満州事変という中国への武力発動によって対応しようとしていた。この意味で一九三〇年代軍制改革問題の展開とその帰結は、事実上、宇垣軍縮型軍近代化論を基調とした総力戦準備が清算される機会となったのである。それに代わって、参謀本部を中心とした大量師団・兵員の平時確保による軍事力増強を基調とする総力戦準備が開始されていく。軍事力の不断の拡大によって支えられるこの体制は、経済的合理性を無視したもの、あるいは国家全体の軍事化を不可避としたことは言うまでもない。

第二に、満州事変と軍制改革問題との関連についてである。本章では十分に触れることはできなかったが、満州事変の背景には、軍制改革を繰り返し要求する政府・民政党・国民世論の動向への一つの対応策として、「事変」型戦争による国防意識の高揚、排外主義の喚起、軍部への支持取り付けなどの意図があったと考えられる。

軍制改革案作成過程における陸軍、特に参謀本部の個々のケースにおける対応ぶりを見ると、そこには軍事力増強の原理原則に関しては一歩も譲歩することなく、敢えて批判と対立を派生する結果も辞さない強い姿勢が終始貫徹されていたのである。

陸軍にしてみれば、この原理原則はその国防思想の根底にある統帥権独立制の徹底化の結果から生じた当然の論理的帰結であった。そして、この原理原則が軍制改革要求によって修正を余儀なくされる状況に追い込まれることは、同時に統帥権独立制という絶対的制度の修正をも不可避とすることを意味した。それゆえ、陸軍は危機意識を抱き続けたのである。そして、陸軍はこの危機意識から脱却する意味でも、満州事変をこの時期に必要としたと言えるであろう。

第三に、総力戦準備をめぐる陸軍と政党政治との関係についてである。陸軍はこれまで宇垣軍縮型近代化論を基軸とし、政党勢力との妥協・譲歩を図りつつ、総力戦体制準備を進めてきていた。しかし、この前提を放棄する大きな契機となったのが、この濱口・若槻民政党内閣における軍制改革問題であった。陸軍は軍制改革案策定過程における民政党の対応姿勢のなかに、もはや政党勢力との共存・妥協による総力戦体制あるいは戦争準備態勢構築は不可能である、と認識するに至ったのである。

一方、政府・民政党による政党政治は、軍制改革問題において国民世論の軍縮要求を政治エネルギーとして吸収することで、反軍的気運を組織していくことに失敗する。その意味で、陸軍の実質的軍備拡充案作成を許容した政党勢力、特に濱口・若槻民政党内閣の責任は重大である。

これを政治史的に見るならば、この両民政党内閣こそ軍部独裁を招来したファシズム体制への移行を阻止する最後的機会であったのである。無論、この軍制改革問題の事実上の〝敗北〟によって直ちに軍部優位の体制が出来上がったわけではなく、以後においても軍部と政党の対立はしばらく継続していく。以後、しかし、軍制改革問題をめぐり、これまでのように激しく対立することはなかったのである。そして、政党と軍部批判も個人的、散発的なものに終始する。これらの点からすれば、結果的に濱口・若槻民政党内閣は、本格的軍拡への条件を提供したことになろう。

1 『エコノミスト』一九二九年七月一五日号、九頁。
2 同右、八頁。
3 同右、一一頁。
4 同右。
5 藤原彰『軍事史』東洋経済新報社、一九六一年、一七二頁。
6 『エコノミスト』一九三一年六月一五日号、一五頁。
7 大蔵省昭和財政史編集室編『昭和財政史資料』第三巻〔歳計〕一九五五年、二二一〜二二三頁。
8 日本銀行編『日本金融史資料』大蔵省印刷局、第二一巻〔昭和編〕一九五九年、三九四頁。

9 『エコノミスト』一九二九年七月一五日号、二二頁。
10 『大阪朝日新聞』一九二九年七月八日付。
11 同右、一九二九年七月一一日付。
12 同右、一九二九年八月一七日付。
13 同右、一九二九年八月七日付。
14 『民政』一九二九年七月号、八頁。
15 『大阪朝日新聞』一九二九年七月三〇日付。
16 『政友』一九三〇年二月号、一四頁。
17 同右、一五～一六頁。
18 『大阪朝日新聞』一九二九年八月二八日付。
19 同右、一九二九年九月四日付。
20 同右、一九二九年九月一九日付。
21 角田順校訂『宇垣一成日記Ⅰ』みすず書房、一九六八年、一九二九年九月一日の項、七三二頁。
22 『東京朝日新聞』一九二九年一一月一四日付。
23 『大阪朝日新聞』一九二九年一一月一九日付夕刊。
24 『東京朝日新聞』一九二九年一一月一一日付。
25 同右。
26 同右。

27　同右。
28　『大阪朝日新聞』一九二九年一一月一四日付。
29　『東京朝日新聞』一九二九年一一月二九日付。
30　同右。
31　同右、一九二九年一二月七日付。
32　同右、一九三〇年一月三一日付。
33　同右、一九三〇年二月一〇日付。
34　『大阪朝日新聞』一九三〇年三月一八日付。
35　同右、一九三〇年三月一八日付。
36　同右、一九三〇年四月七日付。
37　同右、一九三〇年五月一一日付社説「陸軍縮小決議案　誠意なき政府と野党」。
38　『東京朝日新聞』一九三〇年五月二〇日付。
39　国立公文書館蔵『公文類聚』昭和五年巻二。
40　『東京朝日新聞』一九三〇年六月六日。
41　同右、一九三〇年七月五日付。
42　同右、一九三〇年七月三〇日付。
43　同右、一九三〇年七月一〇日付。
44　同右、一九三〇年七月二三日付。

45　同右。
46　同右、一九三〇年八月三日付。
47　同右。
48　『東京朝日新聞』一九三〇年一〇月一五日付。
49　『民政』一九三〇年一〇月号、一三五頁。
50　同右、一九三〇年一一月号、一二二頁。
51　同右、一九三〇年九月号、一三四頁。
52　大蔵省財政史室編『昭和財政史資料』第一一〇号、東洋経済新報社、一九九八年。
53　同右。
54　同右。
55　『東京朝日新聞』一九三〇年一〇月二六日付。
56　同右、一九三一年四月三日付。
57　「行政整理準備委員会及財政整理準備委員会会議経過概要」大蔵省財政室所蔵『昭和財政史資料』第一一〇号。
58　「行政財政税制整理調査実行順序要領」同右、一一一号。
59　「行政整理に依る七年度新規財源概算」同右、一一〇号。
60　『東京朝日新聞』一九三一年四月一九日付。
61　同右、一九三一年四月二一日付。

62　同右、一九三一年四月二四日付。
63　同右、一九三一年四月二二日付。
64　同右、一九三一年四月二八日付。
65　同右、一九三一年五月二日付。
66　同右。
67　同右、一九三一年六月三日付。
68　同右。
69　同右。
70　同右。
71　同右、一九三一年五月三〇日付。
72　同右、一九三一年六月二八日付。
73　同右、一九三一年六月二九日付。
74　同右。
75　同右、一九三一年七月一日付。
76　同右。
77　杉山元「軍制改革案に就いて」(『偕行社記事』第六八五頁、一九三一年一〇月、七頁)。
78　前掲『宇垣一成日記Ⅰ』八〇四頁。

第五章

武器輸出で軍拡を促す

はじめに

以上の章で一九二〇年から三〇年代における軍縮と軍拡をめぐる組織間の対立と妥協の過程を追ってきた。それは同時に武器輸出への関心が特に陸軍を中心に高まってきた時期にも相当する。陸軍は恒常的な軍拡を担保するものとして、武器輸出に注力する。すでに日本陸海軍は、第一次世界大戦（一九一四〜一八年。以下、ＷＷＩと略す）を契機にして、第一章でも扱ったように民間の活力を利用しての武器生産体制構築への関心を示していた。しかし、第二章から第四章を通して追ったように、軍拡を追求する軍部に対し、政府と世論は行財政整理の一環として、またＷＷＩ以降、世界の潮流となったデモクラシー運動にも押される形で軍縮を要求する。

その歴史を考えると、日本の軍備への関心の高まりは、総力戦の萌芽として戦われた日露戦争（一九〇四〜〇五年）を体験することで、武器生産体制の根本からの見直しを迫られたことから始まる。すなわち、日露戦争を通して飛躍的な砲弾の消耗に悩まされ続けた体験は、その後も日露再戦の可能性が否定しきれないなか、いわゆる砲弾備蓄問題として、日本陸軍は特に強く意識するところとなった。その過程で問い直されたのは、平時における武器生産体制の拡充である。事実、当該期日本の軍需生産・調達能力の不充分性は否定できず、それゆえ、総力戦が一段と高度化することが予測される将来への危機感が高まっていたのである。

そのために日本陸海軍は、本格的な国家総力戦として戦われたＷＷＩ以後、既存の軍工廠に加え、民間企業に対して武器生産の委託を法的に担保する「軍用自動車工業補助法」（一九一八年三月二五日制定・法律第一五号）や、第一章（本書四〇～七七頁）で論じた「軍需工業動員法」（一九一八年四月一七日制定・法律第三八号）等により、軍需工業の裾野を広げる方針を打ち出すことになる。

同時に大きな課題となったのは、民間企業に武器生産を恒常的に委託するために、国内での備蓄と消費だけでなく、平時にあっても安定的な武器生産を担保する武器輸出体制の構築である。そのために、中華民国やタイなど近隣アジア諸国への武器輸出（武器移転）政策が順次検討されることになった。

いわゆる武器輸出入（移転）政策は、単に民間軍需工業の充実化を目指しただけでなく、輸出対象国との武器を媒体とする同盟関係の構築にあった。それは政治外交レベルからの模索である。かつての「日中軍事協定」の締結（一九一八年五月）による、武器輸出を媒介とする同盟関係の構築は、その象徴事例であった。

そこから武器輸出政策には、平時における安定的な武器生産の構築という軍事的な意味と、武器を媒体とする政治的かつ外交的な意味との多面的な思惑が存在する。その全体を一括して捉えるなかで、武器輸出入（移転）問題を見ておくべきであろう。

本章では、そうした視角を前提としながら、主にWWI以降からアジア太平洋戦争期（一九三九年九月～四五年八月）期に日本陸軍の委託を受けながら武器輸出を推進した泰平組合（たいへいくみあい）と昭和通商という二つの武器輸出専門商社の実態について、その役割と位置を検証しておきたい。

前章まででは、ＷＷＩ以後、軍拡を確実に推し進めようとする軍部とその支持勢力に対して、デモクラシーの国際潮流に押された軍縮を要求する世論と、それを受け軍部批判や軍制改革を進めようとする政府・議会との対抗関係のなかで、最終的に軍拡路線に乗り出していく戦前期日本の実態を追ってきた。その流れを受けて、本章ではその軍拡路線のなかで、兵器生産の自立化・国産化と、武器輸出への踏み出しを行なった商社の実態を追う。

併せて一九三〇年前後期に活発化する軍拡論の一部を紹介しておく。武器輸出は、この軍拡論によっても後押しされていくからである。

武器の輸出入を総じて、現在では武器移転と呼ぶが、ここでは昭和初期における武器移転史の一部を紹介しておきたい。

武器輸出商社である泰平組合とともに、昭和初期においても、活発な活動を展開しながら、従来あまりその実体が知られなかった昭和通商に特に焦点を当てて、日本の武器輸入をも含め、軍拡を担保する武器輸出の実態を追っていきたい。

1　日本陸軍の武器輸出と武器輸出商社

武器輸出の歴史

日本の武器輸出は、一九〇一（明治三四）年に三井物産が朝鮮に一万挺の銃と実包一〇〇万発を輸出したことに始まるとされる。[1] そこで一旦時代を日露戦争終了時まで遡る。

日露戦争（一九〇四〈明治三七〉～〇五年）で日本はおよそ一〇〇万の兵力を戦場に送り、その一割が戦死する大戦争であった。予測を遥かに超える戦死と戦傷者を出した原因には、決戦方法として白兵戦に固執したこと、それを含めて非合理的な作戦を採用したことなどが挙げられる。

それに加えて、機械化が進んだロシア軍の近代兵器の出現もあった。同時に日露戦争では大量の武器弾薬燃料が消耗を強いられたことから、日本軍はロシア再戦に備える口実もあって、武器弾薬の大量生産体制の整備を急ぐことになる。それが第一章（二八頁以下）でも触れた武器生産の民間企業への要請であった。

同時に武器生産を平時にあっても恒常的に担保するため、関心が高まっていたのが武器輸出である。貿易の一環として武器輸出体制を敷くために、貿易のノウハウを持たない陸軍は、民間の商社に輸出を委託する方法を選んだ。それが日露戦後三年目に創設された泰平組合である。

泰平組合は一九〇八（明治四一）年六月四日付で、当時の陸軍大臣寺内正毅の命令により、それまで主に中国市場を対象に武器輸出において互いに競合状態にあった合資会社高田商会、合名会社大倉組、合名会社三井物産の三社が合同して武器輸出事業を担う組合として結成される。

日露戦争の最中、日本の武器生産は東京・大阪などの軍工廠の規模拡大によって充当してきたが、戦争終結により飽和状態となっていた武器の生産と備蓄を保守し、同時に砲兵工廠の運転資金をも確保する目的で主に中国やタイを武器輸出市場として位置づける。

そして、戦後日本の武器輸出の画期となったのがＷＷＩ中におけるロシアを筆頭とする大量の武器注文であった。その実数を以下に紹介しておく。

すなわち、大戦中における日本の英仏露三国への武器輸出には、武器売却・武器受託製造・武器無償贈与の三パターンがあり、それぞれの実数は、武器売却が小銃三万七〇〇〇挺（同実包四〇〇万発）、火砲一六八門（同砲弾二万八〇〇〇発）、魚雷一二発で、その売却代価は一二二四万円となっている。武器受託製造は火砲一二二門（同砲弾九万五〇〇〇発）、信管六五万個等、製造費代金の合計は三九七六万円だった。武器無償贈与の方は、火砲九四門（同砲弾八〇〇〇発）、信管一二万四〇〇〇個、雷管八万四〇〇〇個など約一〇八万五〇〇〇円相当に達した。[2]

さらに、一九一七（大正六）年一一月から一八年一一月までの約一年間の対中国向け武器輸出の実態は、小銃のうち三〇式歩兵銃が二万四一〇〇挺、三八式歩兵銃が一九万六四〇一挺（三八式実包一億一五六二万発）、機関銃が三八式機関銃四六四挺（同実包二一四〇万発）、野砲のうち三八式野砲が二五八門（同榴散弾一二万七〇〇〇発・同榴弾八二〇〇発）、山砲のうち三一式速射山砲が一四門、六式山砲が三六八門（同榴散弾一八万四九〇〇発・同榴弾三万二〇〇〇発）、榴弾砲が三八式一二センチ一二門（同榴散弾二四〇〇発）、三八式一五センチが八門（同砲弾九六〇発）で、合計一七〇〇〇万円に達する。[3]

さて、外務省史料である「泰平組合に関する件（大正一四年四月一日　森島）」には、その事情が簡潔に纏められている。そこには、「泰平組合は明治四十一年三井、大倉、高田三社の間に諸外国に対する武器輸出の目的を以て十年の期限を以て組織せられたるもの」[4]とある。ここに明記された「十年の期限」は、その後大正年間の末までに三次にわたり期限延長が繰り返される。各次の契約はすべて陸軍大臣の命令条件に従って締結されたことから、泰平組合が事実上日本陸軍の〝御雇組織〟そのものであったと言える。そこから日本の武器輸出事業は、日本陸軍の統制下に置かれたと確認できる。

泰平組合の具体的な活動について、同史料には特に第二次契約時、寺内内閣による中国段祺瑞政権への援助政策を背景に、「大正六年年末乃至同八年春迄に約三千万円の武器を供給したる」[5]と記されている。しかし、WWI終了後には武器輸出額の減少が顕在化していく。

当時、寺内内閣の段祺瑞政権支援政策は、武器輸出の増加という形で表れている。やや性急な物言いだが、武器輸出額の増減は、その意味で対象国との外交関係の実態を可視化するものであり、そのこと自体が武器移転史研究の重要なアプローチともなろう。

泰平組合への梃子入れ

泰平組合は設立から期限付きとされていた。しかし、以上のように継続が繰り返される。昭和期に入り、泰平組合の継続に関しては、陸軍側と組合側とのやりとりが連綿と続く。例えば、「泰平組合継続に関する件」（密受第四〇八号　受領昭和五年六月一八日）には、泰平組合の三井物産株式会社代表取締役社長三井守之助(みついもりのすけ)と、合名会社大倉組頭取大倉喜七郎(おおくらきしちろう)の連名で陸軍省に対し、「御願」が提出されている。その内容の一部は以下のようである。

「当組合営業期限は本年六月二一日にて満了可致(いたすべく)ことに相成居候所予而(かねて)組合員増加の件につき貴省より御内達の御趣旨に基づき一昨年以来二三の有資格者に加入方勧誘致候得、其何(いづれ)も其加入に応じ不申候(もうさずそうろう)に就ては、右期限満了後は引続き二年間現在の組合にて営業継続の儀何卒(なにとぞ)特別の御詮議を以て御許可被成下度(くだされたく)此段奉願上候也[6]」

昭和期に入り、武器輸出総額の減少が影響しているのか、泰平組合に参加する商社の増加が期待できない状況のなかで、それでも継続依頼を申し出ている恰好となっている。文面上は泰平組合側の文字通り「御願」の形式を踏んではいるが、額面通りとは受け取れない。つまり、武器輸出政策を進めたい陸軍側の意向が背景にあったことは言うまでもない。

それを証明する素材として、同日付で陸軍省兵器局が示した「泰平組合更改に関する件」のなかに、「意見」とする文面がある。兵器局は泰平組合が解散することなく存続すべきことを、以下の「理由」において説明する。

「大正十五年六月該組合員たる高田商会脱会するの止むなきに至りし以来、一年毎に組合を更改して、三井、大倉の二者をして其営業を継続せしめ其間組合員として適当なる者を他方面にも物色して、一層有力なる新組合を組織せしむることにつき研究を進めつつありしも、未だ何れとも決定すべき機運に達せず。故に差当り本組合業務遂行上必要の最小限度たる二ヶ年更に現状の儘にて存続延期を許可し、状況の推移を待たんとするものなり」[7]

兵器局の「意見」からは、泰平組合の現状への強い危機感が滲み出ている。これにはすでに前章で述べてきた通り政党政治が勢いを得て軍部批判を展開し、世論のなかにも軍縮を求める機運が醸成されもしていたことが背景にあろう。いわゆる大戦間期の現状は、軍備拡充も武器輸出も、陸軍当局の思惑通りには必ずしも進まなかったのである。

それゆえ、既にこの時点でこれを打破するためにも陸軍内では、兵器局を中心に泰平組合に代わる新組織設立の構想が生まれ始めていたと言える。以上のことから、武器輸出商社の梃子入れ策として、より徹底した陸軍の統制が不可欠とする強い意志が読み取れる。

泰平組合の役割と限界

新組織の設立を事実上求める背景には、陸軍当局の現状の泰平組合へのある種の不満も存在していたことも確かであった。それは外国からの兵器の注文様式にも原因があるとしながらも、「組合が注文引受後一ヶ年以内に引渡を完了せるもの殆んどなく数ヶ年に亘るもの多し（泰平組合更改に関する説明参考）[8]」と指摘していることから窺える。

その実例として、「支那に払下たる兵器」である三八式歩兵銃と銃剣が、注文開始から引渡完了まで、一年四ヵ月、暹羅に至っては制式銃と実包の輸出が、注文開始から引渡までに実に四年も要したと記録している。迅速な交易と同時に他国との武器輸出競争の観点からも、こうした遅延とも言える事態は、陸軍当局にとって深刻な問題であったのである。

しかし、新組織の設立まで一気に事を進める状況下になかったことも確かであった。それは徹底した陸軍による統制という強硬政策が円滑に定着するかについて、陸軍側でも確信を抱けなかったからである。そのこともあって、一九三〇（昭和五）年六月二一日付で、陸軍副官から陸軍造兵廠長官への通牒「泰平組合継続に関する件」では、期限の切れる同日から向こう一年間以内の継続を承認する旨の記載がある。

その理由は、同史料にある「外国へ兵器売込に関する件（昭和五年六月一九日　銃砲課）」に六点にわたって継続理由が示されている。改めて武器輸出商社の役割がどこにあるのかを確認する旨の内容である。少し長いが重要と思われるので次に引用する。

一、造兵廠製造兵器の海外輸出を企画するは国軍兵器行政の運用上多大の利益あるのみならず、国力の海外発展上多大の利益を齎らすものとす。

二、然れども陸軍としては官吏を派し、欧米商人と競争して販路を開拓することは殆んど不可能なるを以て、民間実業家をして其仲介たらしむるを得策とす。

三、而も其販売を民間実業家各国の自由に放任せしか価格の統一を欠き競争の結果は国軍兵器の信用を損する等其弊甚大なるものあり。以て兵器の販売は組合をせしめ一手に之を行はしむるの要あり。之れ泰平組合を認めたる所以なり。

四、然るに本事業たるや一の独占的のものにして、既往に於て非難せられたることもあり。組合員の増加に就ても縷々詮衡を試みたることをありしが、従来三名の組合中大正十五年に高田商会を減したる儘にて、新規加入者を得ること能はずして今日に及べり。今や支那行兵器輸出の解禁に伴ひ、兵器の海外輸出漸次活気を呈せんとする今日財界の有力者を加へ、組合を更改し、其活動を鞭撻することは機宜に適したるものと信ず。[9]

要するに、(1)海外に向けた武器輸出が国内兵器生産の発展を促すものであること、(2)兵器輸出は専門商社に請け負わせることで、特に対中国向けの国際武器輸出競争力を保守しようとしたこと、(3)泰平組合に参入する商社に増減はあるものの、参入者の増加を得て武器輸出の発展に尽力を期すこと、などの理由が明示されている。

武器輸出への関心高まる

加えて武器輸出各国が対中国向けの武器輸出の動きを活発化させており、それに遅れをとらないためにも、武器輸出政策の充実が不可欠としているのである。そのため泰平組合に参入する商社の増加を期待している旨が明記されていた。

満州事変勃発（一九三一〈昭和六〉年九月一八日）の前年に示された同文書からは、当該期における軍縮を求める世論の向こうで、武器輸出に実績を挙げるための政策が果敢に取り組まれていたことを表すものであった。軍縮世論に抗うように、武器輸出による中国への影響力の浸透と国内武器生産態勢の充実化を図ろうとする意図が透けても見える。

取り分け、日本陸軍内には、軍縮世論に後押しされた民政党内閣の反軍姿勢への反発が蓄積されつつあり、それが国外クーデターとも言える満州事変を呼び込み、同時に軍拡路線へと舵を切るための措置として、こうした武器輸出政策の梃入れが進行していたと考えられる。

ところで、泰平組合は一九〇八（明治四一）六月九日の創設以来、六次にわたり繰り返し更改を繰り返していた。因みに、第一次（〇八年六月九日から一〇年間）、第二次（一八年六月一〇日から五年間）、第三次（二三年六月一六日から三年間）、第四次（二六年六月一七日から一年間）、第五次（二七年六月一六日又は六月二二日から五年間)、第六次(二八年六月一一日又は六月二二日より二年間)である。このうち、第一次から三次まで三井物産、大倉組、髙田商会、第四次から第六次まで三井物産と大倉組を組合員として運営されていた。

日本陸軍が武器輸出商社として梃入れを図ろうとしたなかで、陸軍の石原莞爾(いしはらかんじ)中佐を中心とする謀略により満州事変が引き起こされる。実はこの事変を契機として、日本陸軍内にもより徹底した陸軍統制下の新たな武器輸出商社創立への動きが一気に高まっていく。

満州事変は、当該期昂揚していた軍縮世論と政党政治の軍部批判への対抗として引き起こされた側面の強いものであった。同時に、この事変により陸軍が従来の劣勢をはね返し、文字通り反転攻勢に出る契機ともなる。そのことは武器輸出政策についても深く連動してくる。

武器輸出入問題は、国内の軍需産業を活性化させ、武器生産の自立化を果たすことにより、自給自足的な国防体制の構築を最終目標とするものだが、そうした目標の最大の障害となり得たのは、他ならぬ軍縮の動向であったのである。要するに武器輸出入問題と軍縮問題は、表裏一体のものとして捉えることが可能である。

少しスパンを長く採れば、特に本書の第三章で述べた通り、国際軍縮は一九二一年のワシントン軍縮会議、二七年のジュネーブ軍縮会議、そして、三〇年のロンドン軍縮会議が相次ぎ開催され、軍縮の実行も機運も大いに進んだ時代であった。言うならば、この一〇年間は「軍縮の時代」と表現可能な時代として歴史に刻まれている。

しかし、実態はそうではなく、まさに軍縮の時代に別種の軍拡が一方では着実に進んだ時代でもあり、文字通り「軍縮のなかの軍拡」と指摘するのが相応しい時代として記憶されるべきであろう。

2　軍縮論と軍拡論の狭間で

両論の鬩ぎ合い

軍縮を要求する世論や出版物は満州事変以後も引き続き活発であった。前章で見てきたように、満州事変以前においては民政党内閣や世論の動きもである。それが満州事変を境に一時抑制された感もあった。それ以後においても軍縮論者による出版物が相次いだが、その一方で事実上の軍拡論を展開する軍拡論者の出版も目立ってくる。

そこで当該期における軍縮と軍拡をめぐる代表的な論者の主張を少しあげておく。例えば、時事新報社編集長として著名な伊藤正徳(いとうまさのり)は、ワシントン軍縮会議で主力艦の建造比率として対米六割で妥結したが、最後まで七割を主張し続けたことでも知られている。

その伊藤がロンドン会議を目前にした一九二九(昭和四)年に出版した『軍縮?』の冒頭に、ワシントン会議を振り返りつつ、翌年に控えたロンドン軍縮会議の意義を、「軍縮か軍拡か。協和か競争か。その成敗を定むるであろう」とし、さらに「そこで帝国の海上国防権は永久に運命付けられる」と主張する[10]。

そのために、伊藤は厳しい財政状況を考慮して軍縮が合理的な政策であることを繰り返し強調する。ただ、そこでは艦艇の数や総トン数を削減していくだけでなく、あくまで英米との対比において国防力を相対的に低下させないようにする工夫を提起する。このようにリベラルな合理的軍縮論を説きつつ、一定の国防力保持を強調する伊藤は特異な存在であった。

同様に原田爲五郎（はらだためごろう）は、満州事変後における軍部の軍拡要求が高まるなか、軍拡を必要とする理由を『軍縮会議と軍備平等権の強調』の「第六章　戦争か平和か　第六節　軍縮か軍拡か」で次のように記す。

「思ふに軍備の制限は必ずしも軍備の縮小を招来するものではない。一般に軍縮会議といふときは軍備の制限と縮小の両方に便宜上使用されているやうである。然しながら軍備の制限と縮小とは観念上区別す可きものであつて、軍備が制限されたからといつて当然に軍備の縮小を来すものではない。従つて軍縮即ち軍備の縮小と文字通り解釈するときは、其期待を裏切れる虞（おそれ）あることを看逃してはならない[11]」

原田の主張の骨子は、軍縮会議の名で施行されてきた過去の軍縮会議の実態に迫れば、巧妙なる事実上の軍拡でなかったか、という指摘であり、取り分け「軍備平等権」の用語を示すことで、軍備縮小と軍備拡大とは決して対立語ではなく、ある意味で響き合う用語として解釈すべきだとする。

ここにはまさに「軍縮という名の軍拡」という実態に言及されており、それは単に軍縮批判の域を出て軍拡肯定論を展開しているのである。もちろん、そこには英米主導による従来の軍縮会議が、最終的には日本の軍備抑制策として打ち出されたとする、不満が込められていたのである。これは、当時の事実上の軍拡推進論者にほぼ共通する論法であった。

また、一民間人と自称する佐藤慶治郎の『陸軍軍縮と米露の東亜経綸』は、陸軍の軍備を縮小することに猛烈果敢な反論を加えて版を重ねる。こうした類書も満州事変前後に数多出版されており、本書はその一冊である。

佐藤は、「結語」の部分で次のように軍備縮小論を批判し、軍拡に転じる必要のある理由を述べる。すなわち、アメリカ資本の積極的なアジアへの進出、ソ連の「新五ヵ年経済計画」の完成を契機とする中国東北地方への進出という状況下にあって、アメリカの支援を受けた満蒙地域の奪還姿勢などアジア地域の変動を受けて、次のように記す。

「（満蒙）の生命線に対する危機を切迫せしめつゝあるを証するものであつて、日本が或る時期に於て最後の態度を決着し、之等東亜の禍根を一掃し、彼等の非行を清算して以て其の到底冒す可らざる所以を知らしむべき重大な時機は刻々迫りつゝある。此の秋に当り昨昭和五年ロンドンに於て千秋の恨事として残されたる海軍力の蹉跌に鑑み、この際陸軍に於ては断じて其の轍を繰り返してはならぬ[12]」

佐藤の主張は、満州事変前後期から、すでに大きな潮流となりつつあった満州生命線論のスローガンを踏まえて、日本の大陸侵攻と中国制圧論とを結びつけ、国防問題と大陸での覇権確保とを密接不可分の問題として果敢に主張された典型的な論法の一つであった。

こうした佐藤に代表される議論が、中国制圧による大陸国家日本の創出の議論となって世論にも大きな影響を与えていく。そこでは、大陸国家日本に適合する軍事力確保のためには、もはや軍拡は必然的な帰結として捉えられていたのである。

武器輸入の実態

以上で紹介した軍拡論が浮上するなか、前章で追ったように、陸軍はロンドン海軍軍縮条約で日本海軍が航空母艦と潜水艦など、いわゆる補助艦艇建造比率でアメリカとイギリスから一方的な軍縮を強要され、その戦力比において決定的な差別化を結果したと受け止めていた。それで、この一方的な軍縮要求が日本陸軍の軍縮にも波及することを警戒していたのである。

そうした現状から陸軍としては、むしろ軍拡を訴え、満州事変を契機とする英米の対日警戒論に対応すべきだと主張したのである。満州事変以降、日本海軍は軍拡要求を前面に打ち出す。そこで、いわゆる艦隊派は陸軍の軍拡派との連携を追求模索しており、ここに紹介引用した伊藤正徳のような合理的な軍備管理論を説くものは段々と少数派となり、原田爲五郎や佐藤慶治郎のような軍拡派が軍内外から当該期のメディアに頻繁に登場することになる。

さて、こうした軍拡論が次第に幅を利かすようになると同時に、武器輸出入が果敢に実施されていく。満州事変前後期には、武器輸出よりも武器輸入が活発であり、武器の種類も実に多様である。ただ、数量的にも輸入経費についても、頗(すこぶ)る多額という域には達していない。多様な武器を輸入することで、軍事技術の習得に努めることが優先された時期と位置付けられる。

以下、「米国の武器輸出禁止に関する件（昭和八年三月一三日付・海軍艦政本部総務部第二課）」[13]の史料から引用しておきたい。同史料には、武器輸入の実数が様々なバージョンで記載されている。

まず、一九三〇（昭和五）年度、三一（昭和六）年度、三二（昭和七）年度の三年間における武器輸入国と輸入額である。以下、各年度の輸入総額、上位三国名と取り扱い件数及び金額である（（ ）内は件数）。三〇年度は、合計額は二四一万二六七〇円で、イギリス（二二）二二七万三九六三円、スイス（三）三万五九一八円、ドイツ二万一九九九円の順、三一年度の総額二二四万六六五六円で、イギリス（一八）一二二万六六三七円、フランス（六）八二万〇七九四円、アメリカ（九）八万七四八四円の順、三二年度の総額は七一〇万四〇四一円でフランス（一一）三〇九万〇八六九円、イギリス（一六）二三一万一七二八円、ドイツ（一一）一三九万二二〇四円の順である。

以上のように、満州事変以後、戦線の拡大に伴う武器弾薬の使用量の増大に比例し、輸入額が急激に増えている現実が数字で読み取れる。ほかに主な輸入相手国がイギリスとフランスであり、満州事変の翌年には輸入額でイギリスをフランスが上回っている意味は、満州事変を引き起こした日本への対応の姿勢が輸入額にも反映されていると解釈可能である。

つまり、満州事変にはイギリスとフランスを代表とする国際連盟常任理事国である両国とも厳しい姿勢で臨み、特にイギリスのリットン卿を中心とする、いわゆるリットン調査団の調査報告自体は日本に融和的な内容であった。その一方で、イギリスの場合はフランス以上に対日警戒感が強かったことも、結果的に武器輸入額で一九三二年度にフランスが最上位となった原因と推察される。この点にも武器輸出入に当該期における武器輸出対象国との政治関係が示されており、まだその政策によって国家の姿勢の間接的なシグナルとしても多用された実例であろう。

武器輸入品目と輸入額

次に武器輸入品目の実例を紹介しておく。その一例として、一九三一（昭和六）年度にイギリスから輸入した日本海軍使用の武器の種類を以下に記しておく。（　）は数量、数字は価格（円）である。[14]

留式七粍七機銃（三挺）　五、四一八
留式七粍七旋回機銃（一〇七挺）　一四、七四六五
航空用パーンヤ機銃（二挺）　三、三五八

毘式七粍七機銃（七〇挺）	一三六、二九三
同用普通弾薬包（三、五〇八、〇〇〇）	一七四、五一九
同用曳跟弾薬包（四〇二、〇〇〇）	四九、七七一
毘式一二、〇粍機銃（一三挺）	一六九、六〇五
同用普通弾薬包（五五、〇〇〇個）	二〇、六〇〇
同用曳跟弾薬包（五、〇〇〇個）	四、〇三九
同式四〇〇粍機銃（一〇挺）	二二二、三四六
同用普通弾薬包（六、五〇〇個）	七〇、二二三
同用曳跟弾薬包（三、五〇〇個）	三一、二九三
抜射銃（肩当式）（三五挺）	八、〇八一
カーデンロイド軽戦車（六台）	六一、四六八
毘式Ｃ・Ｔ・Ａ　一〇粍銅板（四〇噸）	五一、六三四
高声電話機（九個）	九四七
ラウダーフォン（一組）	一、〇三四

これらの合計額が一二二万六六五七円と記されている。こうした武器の内容から、当時の日本海軍がいかなる武器輸入に主眼を置いていたかが判る。なお、これら武器輸入は日本海軍が発注したもの

である。泰平組合および昭和通商のような日本陸軍統制下の武器輸出商社が関わっていたとは思われない。

因みに留式機銃とは、ルイス軽機関銃（Lewis Gun）のことで、WWⅠ期にイギリスで生産された武器であり、軽量のうえ命中精度の安定性もあったことから、オランダやソ連でもライセンス生産された。日本では軽機関銃の開発に遅れをとっていたため、少数だが技術習得を主要な目的で輸入された。標準弾薬は、三〇三ブリティッシュ弾（七・七ミリ）であり、多種の弾薬も使用可能な融通性がある。

また、航空用パーンヤ機銃とは、航空機関砲のことで航空機関銃または航空機銃と称されたもの。毘式の「毘」とは、ヴィッカース・アームストロング社の「ヴィ」を表す。日本海軍のヴィッカース・アームストロング社からの武器輸入は戦艦をはじめ、長年の伝統と実績を保持していたが、機関銃や実弾など大量使用武器の類の充実を図るために果敢に輸入が行なわれたと考えられる。また、カーデン・ロイド（Carden-Loyd tankette）軽戦車とは、海軍陸戦隊に装備されたMｋ・ⅥＩb型であり、「カ式機銃車」として実戦に投入されたものである。軽戦車と記されているが、重量が一・五トンに過ぎなかったことから、実際には豆タンクあるいはタンケッテ（Tankette）と呼ばれた。陸軍も一九三〇年にいち早くカーデン・ロイドのMｋ・ⅥＩ型を輸入。これを参考にして九四式軽装甲車を開発している。

同史料からもう一つの資料を引用する。「昭和六年度外国武器」から、国別輸入額で多い順に挙げておく。第一位イギリス（一二五万三七一三円）、第二位フランス（八二万二八八一円）、第三位アメリカ（二〇万九二四五円）、第四位ドイツ（一〇万一〇二一円）、第五位スウェーデン（五万三八三九円）、第六位イタリア（二万八〇〇〇円）、第七位スイス（五六二六円）で、合計額が二四七万四三二五円と記録されている。

先に挙げた史料とは数値が若干異なるが、ほぼ同数となっていることから、武器輸入額は概ね実態を示した数字と判断して良いであろう。

武器内容は機銃および機銃弾、拳銃および拳銃弾、計器、飛行機部分品等となっているが、武器の種別および金額では、一九三〇年度の数字だが、銃機および機銃弾が約一〇五万円、主砲弾丸が五〇万円、機雷が二七万円、飛行機用部分品および計器が約四〇万円、その他が約五八万円の合計で約二八〇万円となっている。輸入額だけを見ても、満州事変勃発までのイギリスの位置が極めて多大であった。

イギリスは当該期における最大の武器輸出国であり、その武器輸出を通して相手国との経済的軍事的関係性の強化を図ることで、覇権主義の徹底化と国際秩序の主導者としての位置を占めていたのである。武器輸出は、その意味で国家の意志と方向性を示す可視的な政治行為であったと言えよう。

主要国の武器輸出

なお、ここで一九三〇年代から四〇年代にかけての武器輸出入の問題を考えるためにも、主要国の実態を概観しておくことが必要である。以下、簡単にまとめておくことにする。

一九三五（昭和一〇）年一月に外務省調査部第二課が作成した「武器輸出禁止問題（外務省調査部第二課作成）[15]」に示された数字を引用する。

一九三〇年における軍需工業は、イギリスを筆頭に、一〇ヵ国で世界の輸出総額の九割を占める。以下、順位と占有率を示す。イギリス三〇・八％、フランス一二・九％、アメリカ一一・七％、チェコ九・六％、スウェーデン七・八％、イタリア六・八％、オランダ五・四％、ベルギー四・四％、デンマーク一・九％、日本一・九％、となっている。

ここで明らかなように日本の占有率は世界の二％にも満たなかったことである。このことは、依然として日本の軍需工業生産能力の低位性を示すものであり、そのことが特に日本陸軍をして武器輸出増加を軍需工業の活性化に繋げたいとする要求を強く意識する理由ともなっていたものと推察される。

満州事変勃発前にはイギリス、フランス、アメリカなど武器輸出先進国では、輸出額の伸びが顕在化する方向にあった。しかし、満州事変が日本軍の謀略として強行されたこともあり、たとえ中国東北地域（満州）が相対的にイギリスやフランスの関心が希薄だとしても、そこに利権の拡充を意図していたアメリカを筆頭に、その同盟国イギリスをも含め、紛争当事国への武器輸出をめぐって各国国内では多様な議論が起こりつつあった。

ただ、例えばイギリスは、武器輸出を表立って実施することが困難となりつつあった。一九三二年五月二七日付で「高須〔四郎〕英国在勤帝国大使館附武官〔英海秘第二二号〕[16]」には、三二年の段階でイギリスは日本と中国の双方に以下の武器輸出を行なっているとの記録がある。

一九三二年十二月より四月に至る三ヶ月間に於ける日支両国に対する武器輸出

(イ) 日本へ野砲及び機銃　二四〇門

機銃弾薬包　六、〇〇〇、〇〇〇発

小銃弾薬包　五〇〇、〇〇〇発

(ロ) 支那へ機銃　五門

機銃弾薬包　五〇五、〇〇〇発

小銃弾薬包　五〇〇、〇〇〇発

「コルダイド」及びTNT火薬　若干

ここに数値で示されたように、日本と中国の輸入額には格段の差異があることは注目される。この数値は高須武官の報告によれば、イギリス政府は秘匿を試みてはいた。しかし、ここに示された数値は、一九三二年五月二七日付の『デーリーヘラルド』紙上にリークされた数字である。

日本陸海軍が発表している数字と大差ないとしているので、ほぼ実数と見てよいであろう。日中間でほぼ同様の武器がイギリスから輸出されているが、この数量の格差の意味は、当該期におけるイギリスの日中両国間への政治的距離をも示しているのではないか。つまり、リットン調査団報告なども含め、この時点では依然として、日本への融和政策が先行していたことの証左でもあろう。

因みに、「コルダイド」と表記されているが、正しくは「コルダイト」(cordite)と呼ばれるもので、ニトログリセリンとニトロセルロース(綿火薬)からなる無煙火薬の一種である。

3 陸軍統制下の昭和通商の位置

昭和通商の役割

さて、時間軸を少し急がせて先に進める。満州事変から日中全面戦争を経て、戦争は泥沼化した。日中戦争が行き詰まりを見せるなか、米英との対立が浮き彫りとなる。こうしたなかで日本陸軍は、武器輸出総額の減少傾向に歯止めをかけ、新たな武器輸出攻勢をかけるために泰平組合に替えて昭和通商を設立することになった。そこにはタイなど中国周辺諸国への影響力を膨らますことで、英米から圧力を受けていた日本の孤立化を回避したいとする思惑があった。

昭和通商(正式名称は、昭和通商株式会社)は、一九三九(昭和一四)年四月月二〇日、陸軍省軍事課長岩畔豪雄(いわくろひでお)大佐の肝いりで設立される。泰平組合と異なり、業務上の指揮監督権や人事権まですべてにわたり陸軍省が掌握。文字通り陸軍省直轄の武器輸出商社としての性格を一層強めていた。言い換えれば、陸軍自体が輸出主体としての地位を固めていくことを意味した。そのことは、後に一段と盛んとなった武器輸入においても同様である。

敢えて表現すれば、陸軍自体が〝武器輸出入商社〟となったと形容しても過言ではない。武器と阿片に違いはあるものの、陸軍が阿片貿易に手を染め、その収入を軍事機密費などに転用していたことは、現在ではよく知れた事実。その役割をも昭和通商が担っていたことも併せて考えておきたい。

さて、昭和通商には世界各地に支店や出張所が設けられ、正社員は約三〇〇〇人、現地雇用の社員を含めると約六〇〇〇人規模に達する巨大商社であった。

昭和通商は資本金一五〇〇万円で、三井物産、三菱商事、大倉商事が各五〇〇万円を出資し、元陸軍砲兵大佐堀三也（ほりさんや）を代表者とする。一九四二（昭和一七）年当時の組織概要は、社長・専務取締役・常務取締役・非常勤取締役・監査役で中枢を形成し、総務部（庶務課・電信課・厚生課・秘書課・経理課）、業務部（業務課・運輸課・会計課）、資材部（資材一課・資材二課・資材三課）、機械部（機械一課・機械二課・機械三課）、調査部（調査一課・調査二課）の五部と特信班から構成されていた。

次にあげる「昭和通商株式会社に関する件」によると、陸軍は昭和通商の役割を徹底するために、積極果敢に海外への武器輸出を促す通達を発している。その一例として、陸軍大臣板垣征四郎（いたがきせいしろう）は、一九三九（昭和一四）年七月二七日付で、「昭和通商株式会社に与ふる訓令」を関係各部隊に通牒。そこには昭和通商設立の趣旨が明確にされている。

「現下の時局に鑑み本邦製兵器の市場を積極的に海外に開拓し、以て此種重工業力の維持並健全なる発達を遂げしむると共に、他面陸軍に於て必要とする海外軍需資源の一部は之を統一して輸入し、其迅速公正を期し、無益の競争を除き機密を厳守せしむる目的を以て茲に昭和通商株式会社の設立を見たり」[17]

泰平組合の役割期待と同質の目的が示されてはいたが、泰平組合がある程度組合構成員の自主性に委ねられていた点と比べ、陸軍の思惑が前面に出ている点が異なる。一九三〇年代から四〇年代という時代の相違性も指摘可能だが、軍需産業を支える重工業の安定的な運営のためには、武器輸出先の持続的確保が不可欠とする認識が明瞭にされている。その陸軍の意図する役割期待を担う形で、昭和通商が設立されたと言える。

ここまでの史料で明らかなことは、日本陸軍が武器輸出による政治的影響力を確保することに奔走した実態である。同時に、来るべき対英米戦争に備え、軍需産業の充実化を図り、武器生産体制を引き締めようとする。言い換えれば、軍拡体制の維持増進であり、そのことを民間資本や民間商社を巻き込む形で実行しようとする。これに巨大貿易商社であった三菱商事が深く関わる。こうして、日本陸軍(軍部)と資本(産業)との連携のなかで、戦争発動が着々と進められていく。

その連携の実態を知るために、昭和通商の業務内容を概観しておこう。そこには軍産の深い連携の実態、現代風に言えば軍産複合の姿が浮き彫りにされている。

業務内容

それで昭和通商にいかなる業務内容が期待されていたかについては、同史料に収められた「覚書」に詳しい。

昭和通商株式会社の設立並其運営に関しては左記に依ものとす。

本会社の営むべき業務の範囲

（1）兵器及び兵器部品並軍需品の輸出

（2）同　右　　　の輸入

（3）特殊原材料及機械類の輸出入

但右各項共特殊事情あるものを除く。尚会社自ら品目を決定するに在りては其都度陸軍省の認可を受くるものとす。而して取扱にては努めて（イ）取扱上機密を要するもの（ロ）陸軍用として特殊なる質を有するもの（ハ）陸軍に於て統一輸入を必要とするもの等に際し関係業者に対し無要の刺激を与えざる様註意するものとす。

ここにも昭和通商が扱う品目についての陸軍の認可を受けるとして、決定権は事実上において陸軍にあることが確認されている。そして、昭和通商の業務については以下のごとく記す。

二、会社に付与すべき便益

1．陸軍省は本会社の健全なる発達を図る為所要の便宜を与ふるものとす。

2．本会社が外国に於て輸出兵器等を売込み、又は輸入兵器等買付を為す場合に於ては、在外駐在武官をして所要の便益を与へしむものとす。

3．兵器及製品類の販路開拓の為陸軍は事情の許す限り積極的に優秀品の払下を辞せざる外、相手国の希望によりては事情の許す限り、制式品以外のものの製造に関しても協力を与ふるものとす。

4．輸出兵器に就き技術並取扱に関し必要ある場合に於ては、事情の許す限り陸軍より見本として少数の兵器及製品類の貸与を為し、又は指導官を派遣する等所要の斡旋をなすものとす。

泰平組合と比べて武器輸出に関して極めて積極的かつ攻勢的な姿勢が露骨でさえある。取り分け、「相手国の希望によりては事情の許す限り、制式品以外のものの製造に関しても協力を与ふる」との下りは、相手国の武器注文には制式品以外のものの受注をも引き受けるとする構えさえ見せる。

さらには、「少数の兵器及制品類の貸与を為し、又は指導官を派遣する」とまで明記する。要するに兵器購入の機会について、ひたすらに注文を待つだけでなく、兵器の売り付けと武器使用のための指導官を派遣すると言う。

陸軍との関係

それでは昭和通商への陸軍の関与は具体的にいかなる内容であったのか。次の「三、会社に許容すべき利益の限度」から見ておこう。

1．会社に対する兵器、同部品の売渡価格は公正妥当なる価格となし、相手国に売却すべき価格に関しては制限せず。但し陸軍に於て特に必要と認めたる場合は売込価格に対し制限を加ふることを得るものとす。

2．陸軍へ納入すべき購入兵器及其の他の軍需品の価格は、其実費に陸軍の指定する手数料を加算し決定するものとす。前項の手数料は本会社設立の結果取扱会社の重複存在となりたる場合に在しりも設立前に於て通常支払はるべき代理手数料以下に於て決定するものとす。

昭和通商が陸軍の統制下に置かれたことを余すところなく示す内容である。「手数料」の額まで陸軍が指定していた現状からは、陸軍の強引さが目立つ。また、武器輸出においても同様に価格統制を行なうなど、その統制ぶりは徹底していた。

このように「手数料」をめぐり特記されたのは、過去に陸軍側と泰平組合側との間に何件かの疑惑が生じ、また「手数料」の額や使途をめぐり帝国議会で紛糾した前例もあったからである。そのことを示したのが、「五、会社に対する制限及監督」である。かなり厳しい制限や監督が施行される事になっているが、そのことを示す部分が以下である。

1. 会社は毎営業期末に於て詳細なる事業成績報告書並貸借対照表、損益計算書、利益処分明細書其他必要なる書類を陸軍省に提出し、必要ある場合には備付帳簿、登記書類の検査を受け、所要の説明をなすの義務を負ふものとす。
2. 株主株配当は平均年六歩以下に止むるものとす。
3. 会社に対する陸軍省の意思表示は、通常兵器局長より文書を以て伝達せらるる例とす。
4. 会社は其事業一切の秘密確保に関し規定を設けて、陸軍省の承認を受くるものとす。

陸軍が兵器局長を通して昭和通商を統制下に据え置き、事実上その経営権を含め、陸軍の一組織としていたのである。

以上の史料からは、泰平組合の時代をも含め、武器輸出専門商社としての昭和通商が、陸軍の主動下に輸出業務に当たっていたことが知れる。昭和通商にしても陸軍と連携することで相応の「便益」、すなわち「利益」を保証されていた。しかも、昭和通商としては、文字通り「陸軍の一組織」として貿易を行なっていた。それは、戦争状況下にあっても陸軍の庇護の下で商行為に勤しむことができたことを意味する。昭和通商が阿片貿易をも陸軍との共同作業によって相当の利益を挙げていたことも含め、軍部と資本の連携が、戦争を支えた側面があることを指摘できよう。

それで昭和通商は、如何なる役割を担っていたかを史料から概観しておこう。一九四一（昭和一六）年一月一三日付で陸軍次官からタイ国大使館付き武官に送付された「昭和通商株式会社利用に関する件」がそのことを端的に示している。以下、引用する。

一、泰国より注文せらるる軍用（民間用にありても軍用に準性質のものを含む）べき類似品を昭和以外の商社を通し内地に注文せらる向あるも統制上不利に付爾今兵器並に兵器類類似品の取扱は全部昭和通商を通する如く指導をせられ度

二、泰国より物資を取得する場合は輸出兵器代金の決算と無関係に別途購買するの方法により度
但し航空関係の代金決算に関しては研究中に付後報す

三、支払条件は五割五割又は三割七割年度
其何れによるやは政略的見地に基き決定したきにつき其都度連繋せられ度

四、大宮中佐の携行せる見本兵器の処分に付具体的意見承知致し度[18]

これは昭和通商が主にタイが主要な武器輸出相手国であったことを示す史料だが、「昭和通商株式会社に関する件」によると、陸軍は昭和通商の役割を徹底するために、積極果敢に海外への武器輸出

を促す通達を発していたのである。

武器輸出に奔走する陸軍

同史料によれば、陸軍は昭和通商を媒介にして、特にタイなど中立国を対象とする武器輸出を積極果敢に進めようとした。その意図として、軍備拡充体制を担保し、併せて外貨獲得を重要な目標としていたのである。つまり、軍事的かつ経済的の両面からするメリットを強調する。

こうした武器輸出に積極的に取り組む理由は、昭和通商を介した武器輸出政策に一貫している。それでも武器輸出対象国については、「帝国の対外施策其他各種條件を考慮し其要求に応ぜざることもあり」と慎重な構えを見せる。

それでももう少し詳しく昭和通商の役割期待がどこに置かれていたのかを、「昭和通商株式会社指導要綱」から追ってみたい。同要綱には以下の内容が記されている。

一　方　針

本会社は国産兵器の積極的海外輸出と陸軍所管の外国製兵器原料並機械類等の輸入を実施し、以て陸軍の施策遂行とを確保する為設立せられたる趣旨に鑑み、之が使命を達せしむ積極的に之を指導す。之が為陸軍に於ては法規その他事情の許す範囲に於て便益を付与すると共に一面会社の経営に対し強度の監督を行ふ

二　要　領

一、会社をして営ましむべき業務の範囲

1．兵器及兵器部品並軍需品の輸出

2．同右の輸入

3．特殊原材料及機械類の輸出入

但し前各号共政府若くは製造会社に於て直接売込又は買付を必要とする場合其の他特殊事情あるものを除く

尚会社自ら其品目を決定する場合に在りては其の都度認可を受けしむるものとす。而して品目の指定に就ては

（イ）取扱上機密を要するもの

（ロ）陸軍用として特殊なる性質を有するもの

（ハ）陸軍に於て特に統一輸入を必要とするもの

等に局限し関係業者に対し無益の刺激を与へぬ様注意すとす

4．前各号の外付帯として満支両国に対する兵器類等の輸出

5．状況により前各号以外に付帯事業として其の輸出入の範囲することあり

ここに見るように昭和通商の業務は表向き陸軍省の統制下に置かれることになったが、「二、指導

及監督」の項では、「会社の進むべき方向を指示する為」に「大臣訓令並覚書に準拠して会社を指導す」としている。

武器の売り込みについては、昭和通商の社員が担当するだけでなく各国に駐在する大使館や公使館の駐在武官が頻繁に表に出て相手国への売り込みに奔走する実態が明らかにされている。昭和通商が武器移転に如何なる関わり方をしていたか、武器の輸出入の両面から、その一部を紹介しておく。

昭和通商は敗戦に至るまでに膨大な量の武器輸出入を繰り返したことは十分に推測されるが、史料的制限もあり現時点で全貌の解明には至っていない。しかし、敗戦までに陸軍担当官とのやり取りを示す部分史料から、全体像を推測することは可能であると思われる。

そこで以下において、主に中国とタイに向けて実施された具体的な武器輸出の実態に触れておく。満州事変を起点に起点に始まった日中戦争期、中国は蒋介石率いる国民党と毛沢東率いる共産党との内戦が続いていた。その間隙を縫う格好で日本陸軍と昭和通商は、中国向けの武器輸出を敢行し、影響力を張ろうとした。特に国民党側には軍用機の輸出に注力することになる。

中国への武器輸出

まず中国への武器輸出の実例を示す史料から見ておきたい。例えば、「官房機密第一三六四号　航空兵器輸出に関する件　仰裁　昭和十年六月五日　決裁」[19]には、中華民国をはじめとして、航空機購入希望の申し出があることを踏まえ、以下の見解が記されている。

一、最近別紙第一、第二の如く中華民国其の他より軍用機購入の希望申出あり。

二、我国に於ては飛行機の需要が殆ど軍部に限られ、海外は勿論国内に於ても其の需要なきときは工業力維持の上に多大の不安あり。延(ひい)ては戦時動員計画にも欠陥を生ずるのみならず、一方機材の単価を高め又飛行機制作技術の進歩を阻害する主要原因なり。之等の不利を除く為には速に飛行機の販路を海外に求むるの要あり。

三、中華民国に対しては各国競て飛行機の売込に努めつつあるに鑑み日支外交好転の徴(きざし)ある今日我国としても先ず一石を投じ置く要あり。

この時点でも航空兵器の輸出理由として航空機産業の活性化のためにも販路を海外に求め、それが同時に戦時動員計画遂行の円滑化と、航空機開発技術の向上にも結果すると明快な判断を示していた。また、中華民国が各国からの輸出相手先として競合状態となっており、同国への航空機輸出を媒介とする影響力確保の面からも必要不可欠な武器輸出政策との認識を示す。

このように、航空機を含めた武器輸出の目的に、平時における軍需生産体制の安定化と軍事技術の向上確保があることは、既に多くの史料で明らかであるが、この史料もその実態を示している。また、梅津美治郎(うめづよしじろう)・何応欽(かおうきん)協定（一九三五年六月一〇日調印）が締結された一九三〇年代半ばにおいては、日中関係の緊張が若干緩和した時期でもあり、この機会を利用して中国向けへの航空機輸出で成果を挙げると同時に、両国関係の好転を期待し得るとしたのである。

航空機輸出に注力

そのことを示すのが、一九四〇（昭和一五）年一〇月三一日、昭和通商株式会社起草の「航空兵器輸出に関する件」[20]にある航空機輸出の一例としての、以下の実例を記録する。

まず、昭和通商株式会社の専務取締役堀三也の名で陸軍大臣東條英機宛に「航空兵器輸出許可御願」（昭和五年一〇月一九日付）が提出されている。その内容は以下の通りである。

航空兵器輸出許可御願

一、九七式軽爆撃機完全装備（武装不含）全機用所要機共　二四台
一、八九式固定機関銃　二四挺
一、八九式旋回機関銃　二四挺
一、八九式旋回固定機関銃　九二式焼夷実包挿弾子、紙函共　一〇〇、〇〇〇発
一、八九式旋回固定機関銃　九二式徹甲実包挿弾子、紙函共　三〇〇、〇〇〇発
一、八九式固定機関銃保弾子　二五、〇〇〇個
一、五十瓩（キロ）型投下爆弾　二、〇〇〇個
右之通り泰国（タイ）政府向輸出致度候間何卒御許可可被成下度此段奉願上候也

この「御願」に対し、同年同日付において副官名で昭和通商側に許可する旨の通牒が通達され、同時に副官より陸軍航空本部長にその旨が伝達されている。書類上のやり取りだが、陸軍側と昭和通商側との連携ぶりが彷彿とされる記録である。

日本の中立国であった泰国への航空機輸出は、対英米蘭戦争開始後も一定程度継続される。例えば、一九四二（昭和一七）年四月九日に陸軍航空本部第二部が起草した「泰国へ譲渡の飛行機組立作業援助に関する件」には、陸軍次官から南方軍総参謀長宛の電文として「泰国譲渡中の九九式高等練習機九機（内六機三月十四日の朝、昭和丸にて発送済残三機近く発送予定）の組立作業を昭和通商株式会社（盤谷（バンコク）支店）と連絡の上援助せられ度（たし）」[21]なる内容が記されていた。

航空機を含めた武器輸出の目的として、平時における軍需生産体制の安定化と軍事技術の向上確保があることは、既に多くの記録で明らかであるが、この史料もその実態を示している。

タイへの武器輸出

航空機輸出として、中華民国を相手とする以前からタイが有力な輸出相手先と見積もられていたことは先に述べた通りである。一九四〇年一〇月一四日付の「起草者　兵器局銃砲課『兵器売込に関する件』」には、「泰国親善使節一行軍需工業視察中プロム大臣の言によれば兵器購買は帝国に依存すること確実視さるるを持て、交渉慎重を期され度」と記され、タイの実力者であったプロム大臣への接近策が功を奏し、日本の武器輸出の先行きに一定の展望が開けた現状を語っている。

さらに「泰国兵器輸出に関する件」（一九四〇年一〇月八日　航空本部受付）は、次官よりタイ公使館付武官への暗号電報の形でタイへ、三八式歩兵銃、三〇年式銃剣、九六式軽機関銃、九五式軽戦車（三七ミリ砲装備）を一〇両、九四式軽装甲車（機関銃装備）を四〇両、他に航空機も空輸で輸出することの内容である。

そこにおいて「輸出価格に就ては昭和通商に示しある範囲とし度」とする。このように、タイ政府の日本からの武器輸入は極めて積極的であり、そのことを示す史料として、一九四〇（昭和一五）年一〇月四日付で、総務部長から泰国公使館附武官宛の「電報」（秘電報第二六二号）がある。

「泰国と仏印間の状況切迫に伴ひ泰国は目下軍備増強に奔命中、泰空軍は大至急に軽爆撃機二十四、五十瓩（キロ）爆弾二千個を至急入手し度。直に積出してくれ。已（や）むを得ざれば其の半数にても即時積出してくれと小官に懇請し来れり」

タイ政府はフランスを筆頭とする外国勢力から圧力を受けており、中立国の堅持が危ぶまれた状況下にあった。それで、自力で中立堅持のためにはインドシナ半島にも触手を伸ばしていた日本からの武器援助に頼らざるを得ない状況にあったのである。タイ政府は首相のプレーク・ピブーン・ソンクラームの命令で軽戦車五〇両を至急日本から輸入する。

一九四〇年一〇月五日付でタイ公使館付武官から総務部長宛「電報」（第二六四号）には、「ピブンは泰国軍の使用兵器の補給を今後全部日本に仰ぐことを決心せるを以て日本側に於ても商売的見地を離れ、政治的に考慮せられ度」と記し、さらに「国際情勢の変転に絆ひ日、泰の軍事提携は着々進行しつつあり。此の際我が方としても兵器売却問題を戦略的に考慮する必要あるに至る[22]」とする判断を示す。

ここではタイに限ってかは不明だが、昭和通商以外の武器輸出商社の存在も窺わせながらも、結局武器輸出商社は陸軍傘下の昭和通商に一本化することが示されている。広範な武器輸出体制を整備し、陸軍の思惑を実行に移すためには、複数の商社を動員するのが合理的とも思われるが、統制上の観点から昭和通商に一本化する旨が明記されていたのである。

特に陸軍が傾注していたのが、昭和通商を媒介にしての航空機輸出である。日本陸軍としては次世代の主力兵器として航空機の存在を強く意識しており、航空機生産の高度化・大量生産化への観点から、日本における航空機産業の充実発展のためにも輸出体制の確立が急務と認識されていたのである。

武器輸出の帰結

武器輸出先としてタイに限らず、陸軍はヨーロッパ方面にも触手を伸ばそうとする。例えば、一九四〇（昭和一五）年一二月七日付で、軍務局軍事課は、陸軍次官から駐在武官宛て電報文で、「『スカンジナビヤ』向け再供給の虞ある兵器輸出は国際情勢に鑑み差控へ度又『バルカン』向兵器は直接取引せしめ度[23]」と記すように、武器輸出が国際問題化しないようにとの慎重姿勢を喚起しながらも、兵器輸出策に積極果敢に取り組むように督促する。

そのことを示す一例として、一九四〇年一月一九日付の「軍需品輸出に関する件　軍務局軍務課起草[24]」には、陸軍省軍務課がイタリア、ドイツ、フランス、イギリス、アメリカ、ソ連、ポーランド、フィンランド、ラトビア、ルーマニア、イラン、タイ、ブラジル、メキシコなどに駐在する武官に電報（陸密電）で、「輸出余裕あるものは左記兵器特に弾薬とす。随て輸出は昭和通商をして本年度総額は弾薬のみにて概ね一億円程度なり」との内容を発している。ここで言う「左記兵器」とは、八八式高射砲、九四式對戦車砲、重擲、軽擲、弾薬、他に手榴弾、各種爆弾の類のことである。このなかで重擲とは、八九式重擲弾筒のことで小隊用の軽迫撃砲である。

ここで注目しておきたいのは、「輸出は昭和通商をして本年度総額は弾薬のみにて概ね一億円程度なり」の箇所である。対英米蘭戦争開始前年の年に弾薬だけで一億円に達していた事実。これに航空機や戦車などの武器類を加算すれば、相当額の武器輸出が行なわれていたことになる。因みに、一九四〇年度の国家予算は、一〇九億八二七五万円、直接軍事費は七九億四七一九万円である[25]。

以上、本章ではWWI期から一九四〇年代の対英米蘭戦争発動の直前までにおける軍拡の一側面としての武器輸出の実態を追った。武器輸入を含め、日本の武器輸出入の歴史は日露戦争期から本格化する。WWIに連合国側の一員として参戦した日本は、中国山東半島におけるドイツ利権をめぐる、いわゆる日独戦争に踏み切り、日本海軍は地中海に艦隊を派遣する。

この時、日本は連合国軍であったロシアを筆頭にフランスやイタリアなど、ヨーロッパ諸国からの武器輸出要請を受けている。しかし、これに十分に対応しきれなかったことが、日本政府および陸海軍をして、軍需工業動員体制構築の必要性を痛感させることになったのである。その経緯の一端は、第一章で追究した軍需工業動員法制定過程で見た通りである。

一九一八年の軍需工業動員法の制定により、武器生産が進められるなか、一九二〇年代に、日本は中国に向けての武器輸出を増やしていく。そうした武器輸出を担ったのが本章で紹介した泰平組合、それに続く昭和通商である。それは日本陸軍の命令下に果敢に武器輸出を展開し、それがまた日本の軍拡を促す結果ともなったのである。

軍拡を促すものが国内の軍需産業であり、その産業を持続するために戦争発動を繰り返した側面を明らかにしていくことが、現在における軍需産業（防衛産業）の帰結を予測するうえで、極めて重要にも思われる。[26]

1　坂本雅子「第一次世界大戦期の対ヨーロッパ資本輸出と武器輸出（上）」（名古屋経済大学社会科学研究会編刊『社会学論集』第五二号・一九九一年一一月、二七～二八頁）。
2　芥川哲士「武器輸出の系譜（承前）――第一次大戦期の武器輸出――」（『軍事史学』第二二巻第四

号、一九八七年三月、三三頁)。

3 同右「武器輸出の系譜――第一次大戦期の中国向け輸出――」(『軍事史学』第二八巻第二号、一九九二年九月、七一頁)。

4 外務省史料館蔵『戦前期外務省記録』四九一頁。

5 同右、四九二頁。

6 陸軍省『密大日記』昭和三年第三冊。

7 同右。

8 同右、一四三〇頁。

9 同右。

10 以上、伊藤正徳『軍縮?』春陽堂、一九二九年、三頁。

11 原田為五郎『軍縮会議と軍備平等権の強調』稲光堂書店、一九三四年、四九頁。

12 佐藤慶治郎『陸軍軍縮と米露の東亜経綸』日本書院、一九三一年、一五七〜一五八頁。

13 海軍省『公文備考』昭和八年。

14 同右。

15 前掲『戦前期外務省記録』(「外務省調査部作成」昭和一〇年一月)。

16 海軍省『公文備考』昭和七年五月二七日。

17 陸軍省『陸密大日記』昭和一四年第二冊。以下資料も断りなき以外同資料より。

18 同右『陸支密大日記』昭和一六年昭和一六年一月二一日・第一八号。

19　海軍省『公文備考』昭和一〇年六月六日。
20　陸軍省『陸軍省大日記』昭和一五年　乙輯第二類兵器其三。
21　陸軍省航空本部第二部『陸亜密大日記』第一二号・昭和一七年。
22　陸軍省『密大日記』昭和一五年第一五冊、昭和一五年一〇月。
23　同右『密大日記』昭和一五年二月。
24　同右、第一五冊　昭和一五年一月～二月。
25　藤原彰『軍事史』東洋経済新報社、一九六一年、二七二頁。
26　纐纈厚「戦前期日本の武器生産問題と武器輸出商社」（明治大学武器移転史研究所『国際武器移転史』第八号・二〇一九年七月、収載）を参考にされたい。

エピローグ――〝昭和軍縮失敗史〟

現代において、「国家防衛」（国防）を「国家安全保障」あるいは国家を冠さないで単に「安全保障」と呼ぶ。敗戦後、国防であれ安全保障であれ、日本人の戦争アレルギーが濃厚に残っていた時代では、安全保障論や軍隊などについて一般に正面から論ぜられる機会は決して多くなかった。そこには、確かに戦争アレルギーの問題もあったが、同時に安全保障論や軍隊論が何かしら非日常的な対象である、とする思い込みのようなものがあったからであろうか。

それゆえか、一部の専門家や研究者は別としても一般の市民社会のなかで、こうした問題が自由に語れる雰囲気は依然として、ある種の〝特別感〟がある。まして軍拡や軍縮という領域については、それが安全保障論の一分野と見る限り、身近な問題としては捉え辛いことも確かである。

本書では一九二〇年代から三〇年代にかけての軍拡論と軍縮論の鬩（せめ）ぎ合いの歴史を、特に直接・間接の立場にあった当事者たちの語りを多く引用することで、なにゆえ軍拡を実現しようとし、なにゆえに軍縮を主張したのかに耳を傾けることにした。これらから総じて受ける印象は、どちらの見解にも、国家戦略や国民生活を長期的な視野に立ちながら、どう展望するのかの発想なり、方針なりが希薄に思われることだ。

議会の場であれメディアの場であれ、論争が沸騰することは多々あったことは本書も示す通りだが、結局のところ実力部隊を背景に持つ軍拡勢力が主導権を握り、最後には戦争へと誘導していった歴史を知る私たちは、「軍拡と軍縮の昭和史」をどのように総括したらよいのだろうか。

敗戦過程と戦後の再軍備の事実を知る私たちは、昭和史のなかで軍拡による国防であれ安全保障であれ、この国と国民を守れなかったことを強く記憶しなければならない。だとすると、昭和史における軍拡の歴史だけでなく、実は軍縮の歴史のなかにも、敗戦の歴史を刻むことになる原因が潜在していることに注意を向ける必要があろう。

その意味で言えば、不徹底なる軍縮こそ、軍拡の重大な素因である、とする結論にも達しよう。ましてや、現代用語としての軍備管理の限界性と曖昧性にも深く注意を向ける必要がありそうだ。本書は敢えて言えば、〝昭和軍縮失敗史〟と題しても良かったかも知れない。失敗の歴史から教訓を得る、とは頻繁に持ち出される言葉だが、本書もまた二度と失敗の歴史を繰り返さないための歴史の検証である。

参考文献（刊行順）

〈著書〉

橋本勝太郎『経済的軍備の改造』隆文館、一九二一年
中山龍夫『軍備制限と陸軍の改造』文正堂書店、一九二一年
小林順一郎『陸軍の根本改造』時友社、一九二四年
石堂一勝『どうして陸軍を改革すべきか』大阪毎日新聞社、一九二四年
吉田豊彦『軍需工業動員ニ関スル常識的説明』水交社、一九二七年
松下芳男『軍制改革論』清雲閣書房、一九二八年
伊東正徳『軍縮？』春陽堂、一九二九年
濱口富士子編『濱口雄幸遺稿　随感録』三省堂、一九三一年
佐藤慶治郎『陸軍軍縮と米露の東亜経綸』日本書院出版部、一九三一年
野依秀市『軍部を衝く』秀文閣、一九三三年
原田爲五郎『軍縮会議と軍備平等権の強調』稲光堂書店、一九三四年
益崎綱幸『次の軍縮会議と日・英・米の海軍』一元社、一九三四年
猪俣津南雄『軍備・公債・増税』改造社、一九三四年
鎌田澤一『宇垣一成』中央公論社、一九三七年
戦争経済研究会編『工業動員論』大同出版、一九三七年

黒坂勝美『福田大将伝』福田大将伝刊行会、一九三七年
渡辺銕蔵『国防予算より見るたる諸強国の軍備拡張』渡辺経済研究所、一九三八年
渡辺銕蔵『英国の軍備拡張方針』渡辺経済研究所、一九三九年
若槻礼次郎『古風庵回顧録』読売新聞社、一九五〇年
松下芳男『日本軍制と政治』くろしお出版、一九六〇年
伊藤隆『昭和初期政治史研究　ロンドン海軍軍縮問題をめぐる政治集団の対抗と提携』東京大学出版会、一九六九年
竹村民郎『独占と兵器生産―リベラリズムの経済構造―』勁草書房、一九七一年
小山弘健『日本軍事工業の史的分析　日本資本主義の発展構造との関係において』御茶ノ水書房、一九七二年
鈴木武雄『西原借款資料研究』東大出版会、一九七二年
井上清『宇垣一成』朝日新聞社、一九七五年
佐藤徳太郎『軍隊・兵役制度』原書房、一九七五年
井上清『日本の軍国主義』(新版・全四巻)、現代評論社、一九七五年〜一九七七年
藤原彰『天皇制と軍隊』青木書店、一九七八年
大浜徹也『天皇の軍隊』教育社、一九七八年
伊藤隆『昭和十年代史断章』東京大学出版会、一九八一年
池田清『海軍と日本』中央公論社・新書、一九八一年

纐纈厚『総力戦体制研究』三一書房、一九八一年
藤原彰『太平洋戦争史論』青木書店、一九八二年
大江志乃夫『天皇の軍隊』小学館、一九八二年
伊藤隆『昭和期の政治』山川出版社、一九八三年
野村実『太平洋戦争と日本軍部』山川出版社、一九八三年
三宅正樹編集代表『昭和史の軍部と政治』(全五巻)、第一法規出版、一九八三年
大江志乃夫『統帥権』日本評論社、一九八三年
山本常雄『阿片と大砲：陸軍昭和通商の七年』ＰＭＣ出版、一九八五年
近代外交史研究会編『変動期の日本外交と軍事　史料と検討』原書房、一九八七年
渡辺行男『軍縮　ロンドン条約と日本海軍』ペップ出版、一九八九年
山本四郎編『近代日本の政党と官僚』東京創元社、一九九一年
外山操・森松俊夫編『帝国陸軍編制総攬』(全三巻)芙蓉書房、一九九三年
渡辺行男『宇垣一成　政軍関係の確執』中央公論社・新書、一九九三年
坂野潤治『日本政治史　明治・大正・戦前昭和』放送大学教育振興会、一九九三年
永井和『近代日本の軍部と政治』思文閣出版、一九九三年
山田朗『軍備拡張の近代史　日本軍の膨張と崩壊』吉川弘文館、一九九七年
三谷太一郎『近代日本の戦争と政治』岩波書店、一九九七年
纐纈厚『日本陸軍の総力戦政策』大学教育出版、一九九九年

戸部良一『逆説の軍隊（日本の近代9）』中央公論社、一九九八年
堀真清編『宇垣一成とその時代　大正・昭和前期の軍部・政党・官』新評論、一九九九年
宗像和広・兵頭二十八『日本陸軍兵器資料集』並木書房、一九九九年
黒沢文貴『大戦間期の日本陸軍』みすず書房、二〇〇〇年
坂本雅子『財閥と帝国主義―三井物産と中国―』ミネルヴァ書房、二〇〇三年
纐纈厚『近代日本政軍関係の研究』岩波書店、二〇〇五年
黒野耐『帝国陸軍の〈改革と抵抗〉』講談社・講談社現代新書、二〇〇六年
関静雄『ロンドン海軍条約成立史　昭和動乱の序曲』ミネルヴァ書房、二〇〇七年
小林啓治『総力戦とデモクラシー（戦争の日本史21）』吉川弘文館、二〇〇七年
纐纈厚『田中義一　総力戦国家の先導者』芙蓉書房出版、二〇〇七年
山室信一『複合戦争と総力戦の断層』人文書院、二〇一一年
小林英夫『「大東亜共栄圏」と日本企業』社会評論社、二〇一二年
手嶋泰伸『昭和戦時期の海軍と政治』吉川弘文館、二〇一三年

〈論文〉

芥川哲士「泰平組合の誕生まで」（軍事史学会編『軍事史学』第二一巻第四号〈通巻第八二号〉、錦正社刊、一九八五年九月）
芥川哲士「武器輸出の系譜（承前）―第一次世界大戦の勃発まで―」（同右、第二一巻〈通号第八四号〉、一

九八六年三月）

芥川哲士「武器輸出の系譜（承前）―第一次世界大戦期の武器輸出（上）―」（同右、第二二巻第四号〔通号第八八号〕、一九八七年三月）

芥川哲士「武器輸出の系譜―第一次世界大戦期の武器輸出（下）―」（同右、第二三巻第一号〔通号第八九号〕、一九八七年六月）

芥川哲士「武器輸出の系譜―第一次世界大戦期の武器輸出と帝国議会―」（同右、第二三巻第四号〔通号第九二号〕、一九八八年三月）

芥川哲士「武器輸出の系譜―第一次世界大戦期の中国向け輸出―」（第二八巻第二号〔通号第一一〇号〕、一九九二年九月）

笠井雅直「海軍工廠の需要構造」（名古屋大学大学院経済学研究科編『経済科学』第三三巻第二号、一九八六年）

笠井雅直「明治前期兵器輸入と貿易商社―陸軍工廠との関連において」（同右、第三四巻第四号、一九八七年）

池田憲隆「日露戦後における陸軍と兵器生産」（土地制度史学会編刊『土地制度史学』第二九巻第一号〔通号第一一四号〕、一九八七年一月）

大江志乃夫「日露戦争前後の兵器と鉄鋼」（同上第三四巻四号・一九八七年、後に『日露戦争と日本軍隊』立風書房、一九八七年に収録）

皆川国生「戦時下の陸軍造兵廠」（名古屋大学『経済科学』第三四巻四号、一九八七年）

池田憲隆「日露戦後の陸軍と兵器生産」(『土地制度史学』第一一四号、一九八七年)
池田憲隆「軍事工業と工業動員——第一次大戦期の陸軍を中心として」(逆井孝仁教授還暦記念会編『日本近代化の思想と展開』文献出版、一九八八年刊)
小池聖一「ワシントン海軍軍縮条約前後の海軍部内状況」(『日本歴史』第四八〇号、一九八八年)
坂本雅子「第一次世界大戦期の対ヨーロッパ資本輸出と武器輸出(上)」(名古屋経済大学社会科学研究会編刊『社会学論集』第五二号・一九九一年一一月号)
今井精一「日露戦後の軍備拡張と軍縮論」(横浜市立大学学術研究会編『横浜市立大学論叢 人文科学系列』第四三巻第一号、一九九二年三月)
佐藤昌一郎「陸軍造兵廠と再生産機構―軍縮期の陸軍造兵廠機構分析試論―(上・中・下の一―四)」(法政大学経営学会編刊『経営志林』第二六第二号・第二七巻第一号・第二八巻第四号・第二九巻第一・二号、一九八九―一九九二年)
山崎志郎「陸軍造兵廠と軍需工業動員」(福島大学経営学会編刊『商学論集』第六二巻第四号、一九九四年三月)
中川清「明治大正期における兵器商社高田商会」(『白鴎法學』創刊号、一九九四年四月)
筒井清忠「大正期の軍縮と世論」(青木保他編『近代日本文化論10 戦争と軍隊』岩波書店、一九九九年)
中川清「明治・大正期における商社の研究」(『白鷗大学論集』第一八巻第二号、一九九四年)
中川清「明治・大正期の代表的機械商社高田商会」(『白鳳大学論集』第一巻第1号・一九九五年)
中川清「兵器商社高田商会の軌跡とその周辺」(『軍事史学』第三〇巻第四号〔通巻第一二〇号〕、一九九五

年三月)
横山久幸「日本陸軍の武器輸出と対中国政策―「帝国中華民国兵器同盟策」を中心にして」(防衛研究所編刊『戦史研究年報』第五巻、二〇〇二年三月)
飯森明子「ロンドン海軍軍縮と反対運動再考」(常盤大学国際部『常盤国際紀要』第八号、二〇〇四年)
柴田善雅「陸軍軍命商社の活動　昭和通商株式会社覚書」(中国研究所編刊『中国研究月報』第五八巻第五号、二〇〇四年五月)
名古屋貢「泰平組合の武器輸出」(新潟大学東アジア学会編刊『東アジア：歴史と文化』第一六号・二〇〇七年三月)
名古屋貢「帝国議会で追及された兵器商社泰平組合」(新潟大学大学院現代社会文化研究科紀要『環日本海研究年報』第一六巻、二〇〇九年二月)
森久男「関東軍の内蒙工作と大蒙公司の設立」(愛知大学現代中国学会編刊『中国21』第三一巻、二〇〇九年五月)
エドワルド・バールイッシェフ「第一次大戦期における日露軍事協力の背景―三井物産の対露貿易戦略」(同、第二二号、二〇一一年三月)
エドワルド・バールイッシェフ「第一次大戦期の「日露兵器同盟」と両国間実業関係―「ブリネル&クズネツォーフ商会」を事例にして―」(島根県立北東アジア地域研究センター編刊『北東アジア研究』第二三号、二〇一二年三月)
高杉洋平「宇垣軍縮の再検討　宇垣軍縮と第二次軍制改革」(史学会編『史学雑誌』第一二二号、二〇一三

年）
山田朗「国家総力戦段階の軍備拡張競争」（歴史科学協議会編『歴史評論』第六一〇号、二〇〇一年二月）
浅井隆宏「統帥権問題再考」（『龍谷日本史研究』第三八号、二〇一五年）
藤井崇「ワシントン条約廃棄問題と統帥権」（『日本歴史』第八一九号・二〇一六年）
佐藤啓倫「美濃部達吉の統帥権」（『九大法学』第一一二号、二〇一六年）
奈倉文二「日清戦争期における高田商会の活動—英国からの「戦時禁制品」輸送を中心に—」（明治大学国際武器移転史研究所編刊『国際武器移転史』第四号、二〇一七年七月）
小谷賢「第二次ロンドン海軍軍縮会議予備交渉の過程」（同右）
纐纈厚「戦前日本の武器輸出　軍部の思惑と専門商社」（『世界』第九一二号、二〇一八年八月号）

あとがき

私が戦争史に取り組み始めて、随分と年月を経た。戦争の原因には大きく分けて、内圧と外圧とがあるように思う。その意味で言うと、これまでの私の戦争史研究は、他国との対立・軋轢から戦争発動に至る、言うならば外圧論のアプローチが大方であった。だが同時に、もう一つの内圧論をも具体的に検証できないか、という課題にも向き合ってきたつもりだ。

それで本書は戦争原因の内圧論的アプローチと言っても良いのかもしれない。戦争原因としての領土問題や宗教問題など多くの歴史研究があるなかで、国内軍需産業が権力と結びつき、その既得権益を膨らましていく過程で起きる戦争は、現代的な課題である。

すでに本書でも述べた通り、軍拡は戦争を呼び込み、そして敗北と勝利という結末を迎える。勝利は次の戦争を用意し、敗北は国民に塗炭の苦しみを強いる。結局のところ、軍拡は戦争を不可避とし、同時に国民を広義の意味で「敗北」という悲劇へと追いやるのだ。軍拡は戦争の抑止力ではなく、戦争の〝誘発力〟だということである。その意味をも込め、私は本書を『戦争と敗北』と命名した。

戦争発動に歯止めをかけるために、私たちは他国との友好平和関係の構築や人的交流の深化など課題と設定する。それに加えて、国内軍需産業（防衛産業）の動きを注視し、その危うさを知り尽くし、最終的には戦争への道を用意するものだとする考えを共有することが益々必要となっている。そのことを痛感するなかで、私は本書の執筆を思い立った。

現在、私は明治大学に設立された国際武器移転史研究所の客員研究員も務めている。そこではライセンス生産される武器なども含め、武器の輸出入を「武器移転」と包括的な概念で捉え、その国際的な動きを調査研究することを主要な目的としている。私は主に日本を含めた東アジア諸国の武器移転の史的検証を研究課題としている。

本書執筆は、そうした現在置かれた私の立場から、ある意味では必然的に生み出された著作だった、と書き終えたいま、あらためて思い返している。

さて、本書が生まれたもうひとつの理由に、何よりも余人をもって代えがたい編集者との出会いがあった。私の気持ちを充分に汲み取って頂き、驚くほどのスピード感で編集を担われた新日本出版社社長の田所稔氏である。田所氏は、私の荒く、難い文体を最初の読者として柔らかく解し、また鋭い指摘を随所に示された。本書が少しでも読み易くなっているとしたら、それは田所氏のお陰である。この場をお借りし、重ねて御礼申し上げたい。

新日本出版社からは、『「聖断」虚構と昭和天皇』（二〇〇六年刊）、『憲兵　監視と恫喝の時代』（二〇〇八年刊）に続き三冊目だが、これまで以上に編集者との共同作業として出版が叶えられたと思っている。本書を通して、一人でも多くの読者との対話の機会が生まれることを願ってやまない。

纐纈　厚

二〇一九年五月

纐纈　厚（こうけつ　あつし）
1951年岐阜県生まれ
一橋大学大学院社会学研究科博士課程単位取得退学。
現　在　明治大学特任教授（研究・知財戦略機構）、国際武器移転史研究所客員研究員。山口大学名誉教授。政治学博士、日本近現代史、現代政治論専攻。
主な著書　『「聖断」虚構と昭和天皇』『憲兵政治』（ともに新日本出版社、2006、2008年）、『近代日本の政軍関係　軍人政治家田中義一の軌跡』（大学教育社、1987年）、『防諜政策と民衆』（昭和出版、1991年）、『侵略戦争　歴史事実と歴史認識』『暴走する自衛隊』（ともに筑摩書房、新書、1999年、2016年）、『日本海軍の終戦工作　アジア太平洋戦争の再検証』（中央公論社、新書、1996年）、『日本陸軍の総力戦政策』（大学教育出版、1999年）、『近代日本政軍関係の研究』『文民統制　自衛隊はどこへ行くのか』（ともに岩波書店、2005年）、『戦争と平和の政治学』（北樹出版、2005年）、『監視社会の未来』（小学館、2007年）、『侵略戦争と総力戦』（社会評論社、2011年）、『日本降伏　迷走する戦争指導の果てに』（日本評論社、2013年）、『日本政治史研究の諸相』（明治大学出版会、2019年）など多数。

戦争（せんそう）と敗北（はいぼく）——昭和軍拡史（しょうわぐんかくし）の真相（しんそう）——

2019年5月30日　初　版

著　者　纐　纈　　厚
発行者　田　所　　稔

郵便番号　151-0051　東京都渋谷区千駄ヶ谷4-25-6
発行所　株式会社　新日本出版社
電話　03（3423）8402（営業）
03（3423）9323（編集）
info@shinnihon-net.co.jp
www.shinnihon-net.co.jp
振替番号　00130-0-13681

印刷　亨有堂印刷所　　製本　小泉製本

落丁・乱丁がありましたらおとりかえいたします。

ISBN978-4-406-06356-2 C0031　　Printed in Japan